基于深度学习的机械故障诊断技术

JIYU SHENDU XUEXI DE

JIXIE GUZHANG ZHENDUAN JISHU

刘业峰 刘晶晶 张淇淳 著

化学工业出版社

·北京·

内容简介

本书探讨了深度学习在机械故障诊断中的理论与实践，涵盖了从基本算法到具体应用的全过程。首先，介绍了深度学习的基础知识，包括卷积神经网络（CNN）、循环神经网络（RNN）等算法，阐述了它们在故障诊断中的应用原理。其次，分析了传统故障诊断方法的局限性，并展示了基于深度学习的方法如何通过分析振动信号、声发射信号等方式提高故障预测的准确性。此外，书中还通过工业应用案例，展示了深度学习在机械领域的实际应用，强调了数据驱动的故障诊断方法的优势与挑战。最后，展望了未来发展趋势，讨论了多模态数据融合、迁移学习等前沿技术的潜力。

本书适合机械工业领域的学术研究者、工业工程师及企业研发人员阅读，帮助他们深入了解深度学习技术在故障诊断中的应用，提升设备维护效率和智能化水平，是理论与实践相结合的有力工具。

图书在版编目（CIP）数据

基于深度学习的机械故障诊断技术 / 刘业峰，刘晶晶，张淇淳著. -- 北京 : 化学工业出版社，2025. 10.
ISBN 978-7-122-48848-0

Ⅰ. TH17

中国国家版本馆 CIP 数据核字第 2025EZ2757 号

责任编辑：张海丽　　文字编辑：宋　旋
责任校对：王　静　　装帧设计：刘丽华

出版发行：化学工业出版社
（北京市东城区青年湖南街 13 号　邮政编码 100011）
印　　装：三河市航远印刷有限公司
710mm×1000mm　1/16　印张 9¼　字数 150 千字
2026 年 1 月北京第 1 版第 1 次印刷

购书咨询：010-64518888　　售后服务：010-64518899
网　　址：http://www.cip.com.cn
凡购买本书，如有缺损质量问题，本社销售中心负责调换。

定　　价：68.00 元

前　言

随着工业化进程的不断推进，各行各业的生产设备和系统变得日益复杂，维护与管理的难度也随之增大。设备故障的发生，不仅会导致生产效率的下降，还可能引发安全事故，严重影响企业的运营与经济效益。因此，如何有效、准确地进行设备故障诊断与预测已成为机械工业中亟待解决的关键问题。

传统的故障诊断方法多依赖于人工经验和基于规则的推理系统，这些方法通常依赖于工作人员的主观判断，并且在面对复杂系统和多变的环境条件时，容易出现误诊或漏诊的情况。随着信息技术的迅猛发展，尤其是大数据、物联网、人工智能等技术的崛起，设备故障诊断已逐步转向数据驱动的方法。近年来，深度学习作为人工智能领域的重要分支，凭借其强大的数据学习与抽象能力，已在图像识别、自然语言处理、语音识别等多个领域取得了显著的成果。在故障诊断领域，深度学习技术也展现出了巨大的潜力，能够通过从大量数据中提取特征，识别系统运行中的异常模式，从而实现更为精准、可靠的故障预测与诊断。

本书主要探讨深度学习技术在故障诊断领域的研究进展及其应用，为学术界、工业界和工程技术人员提供一部集理论与实践于一体的专著。通过本书的学习，读者将能够深入了解深度学习的基本理论、常用算法及其在具体故障诊断场景中的应用，进而提升其在设备维护、故障预测等方面的能力。

本书由临沂大学刘业峰教授负责起草写作大纲并担任主撰写人，沈阳工学院的刘晶晶副教授参与了第 2 章中的 2.1 节和 2.2 节、第 5 章中的 5.1 节的撰写工作，Buckinghamshire New University 的张淇淳教授参与了第 1 章 1.3 节、第 2 章 2.3 节和 2.4 节等部分的撰写工作。硕士研究生王帅、何增鹏、余龙飞、文学志、孙瀚林、张泽雨、张凌野、宋泽林参与了部分文字的编辑及校验工作，在此表示衷心的感谢。

著　者

2025 年 4 月

目 录

第 1 章
深度学习在机械故障诊断中的研究现状与意义
001

1.1 基于数据驱动的预测网络研究现状 …………… 002
1.2 刀具故障预测研究现状 …………………… 007
1.3 轴承剩余寿命预测研究现状 ………………… 008
1.3.1 基于模型的轴承剩余寿命预测方法 ……… 009
1.3.2 基于数据驱动的轴承剩余寿命预测方法 …… 011
1.4 故障诊断中不平衡数据集处理方法研究现状 …… 015
1.5 研究意义 ………………………………… 016

第 2 章
相关理论基础及神经网络框架
018

2.1 深度学习基础 …………………………… 019
2.1.1 数学基础 ……………………………… 020
2.1.2 最基本的神经网络架构 ………………… 036
2.1.3 核心算法 ……………………………… 041
2.2 卷积神经网络 …………………………… 048
2.2.1 输入层 ………………………………… 048
2.2.2 卷积层 ………………………………… 049
2.2.3 池化层 ………………………………… 049
2.2.4 全连接层 ……………………………… 050
2.2.5 输出层 ………………………………… 050
2.2.6 训练过程 ……………………………… 051
2.3 循环神经网络 …………………………… 052
2.3.1 长短期记忆网络 ………………………… 052
2.3.2 门控循环单元 …………………………… 053
2.4 残差网络 ………………………………… 054
2.5 注意力机制 ……………………………… 055

第3章 基于深度学习的机械故障诊断模型

056

3.1 基于特征处理和BiLSTM的故障诊断模型 …… 056

3.1.1 基于时频特征提取的方法 …… 056

3.1.2 基于特征处理和BiLSTM的模型架构 …… 057

3.2 基于模态分解和MCNN-BiLSTM的故障诊断模型 …… 060

3.2.1 数据处理研究 …… 060

3.2.2 基于信号模态分解的方法 …… 064

3.2.3 基于模态分解和MCNN-BiLSTM的模型架构 …… 068

3.3 基于TCN-SA和Bi-GRU的故障诊断模型 …… 070

3.3.1 时间卷积网络 …… 071

3.3.2 改进的TCN网络结构 …… 073

3.3.3 SA机制 …… 074

3.3.4 Bi-GRU网络结构 …… 075

3.4 基于MA-MsTCN的故障诊断模型 …… 076

3.4.1 多头注意力机制 …… 077

3.4.2 多尺度时间卷积网络 …… 079

3.5 基于MCA-TCN-MA的故障诊断模型 …… 081

3.5.1 多尺度卷积注意力机制 …… 082

3.5.2 改进的时间卷积网络 …… 083

第4章 机械故障诊断的数据采集平台与评价指标

086

4.1 刀具数据采集平台 …… 086

4.2 轴承数据采集平台 …… 090

4.3 评价指标 …… 091

第5章 深度学习技术在机械故障诊断中的应用

093

5.1 故障识别问题中的不平衡数据处理方法 …… 093

5.1.1 SMOTE方法 …… 093

5.1.2 三角形六线SMOTE法 …… 093

5.1.3 IFE-SMOTE方法 …… 095

5.2 深度学习技术在刀具故障诊断中的应用 …… 098

5.2.1 基于特征处理和 BiLSTM 故障诊断模型的刀具应用 …… 098
5.2.2 基于模态分解和 MCNN-BiLSTM 故障诊断模型的刀具应用 …… 100
5.2.3 模型对比 …… 105
5.2.4 模型的拓展性探究 …… 108
5.3 深度学习技术在轴承故障诊断中的应用 …… 110
5.3.1 基于 TCN-SA 和 Bi-GRU 故障诊断模型的轴承应用 …… 110
5.3.2 基于 MA-MsTCN 故障诊断模型的轴承应用 …… 116
5.3.3 基于 MCA-TCN-MA 故障诊断模型的轴承应用 …… 122

第 6 章 结论与展望 127
6.1 结论 …… 127
6.2 展望 …… 129

参考文献 130

第 1 章

深度学习在机械故障诊断中的研究现状与意义

随着工业智能化进程的加速推进，现代制造业正经历着从数字化向智能化转型的深刻变革。复杂装备系统作为工业生产体系的核心载体，其运行安全性与可靠性直接影响着生产效能与设备全生命周期价值。在刀具、轴承、风力发电机等关键设备领域，机械故障往往具有突发性、隐蔽性和连锁反应，传统的定期检修与阈值报警模式已难以满足动态工况下的精准诊断需求。在这种背景下，机械故障诊断技术面临着多维度的挑战：一方面，随着传感器网络与物联网技术的普及，设备监测数据呈现高维度、多模态、强耦合的特征，振动信号、声发射、红外热像等多源异构数据的融合解析需要突破传统信号处理的维度限制；另一方面，复杂装备往往运行于变转速、变载荷、变环境等非平稳工况下，故障特征与背景噪声的时频分布存在显著动态偏移，这对诊断模型的动态适应性与鲁棒性提出了更高的要求。

传统机械故障诊断方法通常遵循"信号采集—特征提取—状态识别"的技术路线，其效能高度依赖专家经验与物理先验知识。时域统计量、频域谱分析、小波包分解等经典特征工程手段虽然在特定场景下具有可解释性优势，但在面对非线性、非平稳信号时容易遭遇特征表达能力不足的瓶颈。人工设计的特征往往局限于特定故障类型，难以覆盖复杂工况下故障模式的多尺度演化规律，更无法有效处理传感器网络产生的海量高维数据。与此同时，支持向量机、随机森林等浅层机器学习模型受限于模型容量与特征空间构建能力，在处理强噪声干扰信号时容易出现过拟合或欠拟合现象，导致诊断精度与泛化性能难以满足工业现场需求。

深度学习技术为破解上述难题提供了新的方法论框架。通过构建具有多层次非线性变换能力的深度神经网络，系统能够从原始监测信号中自动学习到具有物理意义的抽象特征表达。卷积神经网络通过局部感知、权重共享等机制，在振动信号的特征提取中展现出对时频局部模式的强大捕捉能力，其分层特征学习架构可逐级解耦信号中的背景噪声与故障冲击成分。针对旋转机械转速波动带来的时变特性，具有时序建模能力的循环神经网络及其变体，通过门控机制与记忆单元动态捕捉故障特征的演变轨迹，在齿轮箱、轴承等部件的早期故障预警中表现出显著优势。更值得关注的是，深度生成模型通过对抗训练或变分推断实现了故障数据增强与小样本学习，有效缓解了工业场景中故障样本稀缺导致的模型泛化能力不足问题。这种端到端的诊断范式不仅减少了人工干预，更重要的是通过数据驱动的方式挖掘出传统方法难以察觉的深层故障关联模式。

该技术的突破正在重构机械故障诊断的技术体系与应用场景。在算法层面，注意力机制与自适应特征选择模块的引入使模型能够聚焦于关键故障敏感频段，提升复杂背景下的特征辨识度。在工程应用维度，基于深度学习的诊断系统已逐步从实验室验证走向工业现场部署，通过与边缘计算、数字孪生等技术的融合，形成了“在线监测—实时诊断—决策优化”的闭环链路。例如，在数控机床领域，结合声纹识别与振动分析的深度学习系统，可准确判别刀具磨损程度并优化加工参数调整策略。这种智能化诊断能力的提升，正在推动设备的运维模式从被动响应向主动预测转型，为构建自感知、自诊断、自决策的智能装备生态系统奠定技术基础。

当前，深度学习在机械故障诊断领域的深化应用仍面临诸多科学问题与技术挑战。工业场景中数据分布的时变特性要求模型具备持续学习与在线更新的能力，如何在保证诊断实时性的同时实现模型参数的动态优化，成为制约算法落地的重要瓶颈。此外，诊断结果的可解释性与物理一致性仍需加强，将领域知识嵌入神经网络架构设计，构建物理信息驱动的混合增强智能模型，可能成为突破黑箱约束问题的关键路径。未来，随着多模态融合学习等前沿技术的发展，故障诊断系统有望在样本效率、跨设备迁移能力等方面取得更大突破，最终推动智能制造系统实现从单点故障检测到系统健康管理的认知跃迁，为工业设备可靠性工程注入新的发展动能。

1.1 基于数据驱动的预测网络研究现状

随着工业 4.0 的到来，智能制造技术日新月异。它通过整合信息技术与现代制造手段，依托数据分析和智能决策，推动生产过程向自动化、灵活性和智能化方向发展。它不仅仅局限于生产过程的自动化，更能通过实时数据分析和预测能力，优化生产调度、资源配置和产品质量控制，从而提升生产效率、降低成本。智能制造的发展使得机械装备的应用日益广泛。为了满足各行业的发展需求，机械设备正朝着更大、更复杂和更高成本的方向发展。然而，设备故障一旦发生，可能带来严重的经济损失，甚至引发重大事故。为了确保设备的稳定性并减少故障风险，故障预测与健康管理（Prognostics and Health Management，PHM）应运而生，成为提升设备可靠性的关键技术[1]。

PHM 是一种结合数据分析、预测建模和健康管理技术的方法，旨在通过监测、诊断和预测设备或系统的状态，以提前发现潜在问题并进行有效管理[2,3]。通过故障预测、健康评估和维护优化，PHM 技术能够及早发现潜在问题，优化维护策略，提高设备可靠性和效率，从而降低设备故障带来的生产中断和损失，推动企业生产运营的智能化和可持续发展。剩余使用寿命（Remaining Useful Life，RUL）预测是 PHM 研究的关键目标之一，旨在通过利用设备的实时数据和先进的数据分析技术，估计设备在发生故障前的剩余运行时间[4]。

目前基于数据驱动的预测方法主要有以下几种：基于多层感知机（MLP）的方法[5]、基于径向基（RBF）的方法[6]、基于极限学习机（ELMS）的方法[7]、基于支持向量机（SVM）的方法[8]。随着社会和技术的进步，数据规模已经迅速扩大，“大数据”成为这个高科技时代的产物。数据量大、结构复杂、种类繁多的特点使人们在处理大数据时面临挑战。传统的信号处理方法无法从大量数据中挖掘有效特征。因此，在预测研究中，利用深度学习和大数据技术学习信号特征[9] 逐渐成为主流方法。近年来，相较于人工提取信号数据特征的方法，深度学习因其能够表达数据的完整信息而受到广泛关注。深度学习的目标是构建一个模拟人脑的神经网络，通过数据驱动的方式，从原始输入数据中自动提取多层特征表示。这种方法不仅能够更全面地利用数据信息，还能够自适应地学习和优化特征提取过程，从而在各个领域取得更好的性能表现。经过十多年的不断发展，学术界的深度学习在音频识别、人脸识别、图像处理、文本检索、医学诊断[10] 等方面都取得了突破。国内外学者先后开发了深度信念网络[11]、卷积神经网络[12]、深度自编码器（AEs）[13]、循环神经网络等深度学习模型。随着强化学习、迁移学习等新思想的引入，深度学习将继续受到更多的关注，并逐渐扩展到故障诊断与寿命预测[14]。

在刀具磨损和轴承寿命预测领域，深度学习同样具有巨大的应用潜力。通过分析海量监测数据，深度学习模型可以自动提取刀具磨损或轴承振动信号的特征并进行准确预测。此外，深度学习的自适应性使其能够根据数据的变化自动调整模型参数，从而提高模型的预测准确性。因此，将深度学习应用于刀具磨损预测技术有望为现代制造业带来更高的加工精度、更低的生产成本和更高的生产效率。以下是基于数据驱动的预测网络的研究现状。

(1) 基于 DNN 的预测方法

在深度神经网络（DNN）的框架下，特征的表示和提取是实现精准寿命预测的关键环节。为了实现这一目标，研究者常常将多层特征表示模型叠加起来，其中包括自动编码器和降噪自动编码器（DAE）等关键组件。自动编码器主要由编码器和解码器两大部分构成，前者负责将输入数据映射到低维空间以揭示其本质特征，后者则负责重构原始输入数据。然而，在现实的监测环境中，数据常常会受到各种噪声的干扰，这大大影响了自动编码器的性能和效果。为了应对这一问题，研究者提出了 DAE 的概念。DAE 在继承了自动编码器的基本功能的同时，增强了对随机扰动的抵抗能力，从而有效地减少了噪声对特征提取过程的影响。基于深度神经网络（DNN）的方法通过将多个自动编码器或 DAE 模块堆叠起来，深入挖掘原始数据中的隐藏特征。这些被挖掘出来的特征可以被进一步用于回归拟合或者前馈神经网络等任务中，以实现更精确、更可靠的剩余寿命预测。以雷亚国等人[15] 的研究为例，他们通过精心堆叠多个 DAE，构建了 DNN 的隐层。在这项研究中，机械设备的频域信号被用作输入数据进行网络训练。通过这种方式，他们实现了故障特征的自适应提取和健康状态的智能诊断。这种方法克服了传统方法对信号处理技术和专家经验的依赖。另一方面，郑彪等人[16] 提出了一种全新的基于 DNN 与胶囊网络（Capsule Network，CapsNet）相结合的方法。利用胶囊网络数字胶囊层中的动态路由算法更新模型参数。通过计算输出层输出向量的模长实现对液压泵多故障模式下故障程度的准确识别。不仅如此，张媛洁[17] 在上述基础上进一步改进，用 CEEMD 针对性地进行信号处理和特征分析，进一步提升了预测模型的性能。此外，ZOU 等人[18] 针对干式滚齿机滚刀磨损状态在线监测系统，提出了一种融合深度 DAE 与相关性分析的在线监测方法。该方法充分发挥了 DAE 处理整体数据的优势，获得了对刀具磨损状态变化具有较强表征能力的主轴功耗特征。因此，建立了特征与滚刀磨损状态变化之间的映射模型。

(2) 基于 DBN 的预测方法

深度置信网络（DBN）作为一种典型的深度学习算法，近年来得到了广泛的关注和研究。这种网络的结构是由多个受限玻尔兹曼机（RBM）堆叠而成的。每个 RBM 层与其上下两层相连，且任意层内的单元不相互连接。这种组合不仅实现了从低级到高级的特征表示与提取，更重要的是能够发现输入数据的分布式特征，从而更为全面地捕捉数据的内在特性[19]。在训练算法方面，DBN 结合了逐层贪婪的前向学习和梯度下降的反向微调，这两个过程的结合使得模型在训练过程中能够更好地优化其性能。其中，堆叠的受限玻尔兹曼机负责提取数据的特征，通过对比散度算法来预先确定网络参数，从而为后续的学习过程提供坚实的基础。分类层或回归层在 DBN 中起到了至关重要的作用，它们通过非线性函数将提取的高层次特征映射到标签上，这样一来，在反向调整过程中，模型能够更为准确地进行参数的调优。这种映射方式不仅提高了模型的准确性，更在某种程度上增强了模型的泛化能力。由于其强大的特征提取能力，DBN 为许多传统问题提供了新的解决思路。尤其是在剩余寿命预测领域，传统方法往往需要基于周期性假设进行特征提取，而基于 DBN 的方法则摆脱了这一限制，这使得该方法在处理时域信号时具有更大的灵活性和应用空间。研究表明，与传统的 BP 神经网络相比，基于深度置信网络对发动机的健康状态进行在线监测时，其故障诊断性能明显优于 BP 神经网络[20]。此外，DBN 在轴承的剩余寿命预测中也展现出了不错的效果[21]。

(3) 基于 CNN 的预测方法

卷积神经网络（CNN）作为一种经典的前馈神经网络，最初是为图像识别任务而设计的，但随着时间的推移，其应用领域逐渐扩展到序列数据上。在序列预测任务中，卷积神经网络通过捕捉局部依赖关系和模式，有效地提取序列中的特征。卷积神经网络在序列预测上的研究主要集中在时间序列预测、自然语言处理、语音识别等领域。主要结构由多个卷积层和池化层组成，利用不同滤波器逐层提取输入数据中的拓扑结构特征。随着网络层数的加深，所提取的特征逐渐变得更加抽象[22]。卷积层通过使用原始输入数据与多个局部滤波器进行卷积运算，从而识别并提取输入数据的空间特征。随后，池化层通过应用固定长度的池化函数，如最大池化函数，进一步从卷积层的输出中筛选出最重要的特征[23]。在序列预测中，卷积神经网络的主要方法包括一维卷积神经网络（1D CNN）、扩展卷积神经网络（Dilated

CNN）等。这些方法通过设计不同的卷积核大小和步长，捕捉序列中不同尺度的局部依赖关系。CNN 具备稀疏交互、参数共享、空间池化等优良特性，在很多领域展现了广阔的应用前景。曹大理等人[24] 提出了 CNN 模型监测刀具寿命，从原始的时域信号中提取刀具加工信号特征，避免数据预处理与人工提取特征过程中存在的信息丢失问题；董靖川等人[25] 构建了分布式特征提取卷积神经网络，将域对抗自适应应用到不同刀具个体的差异性问题上，自适应提取与域无关的多尺度时序特征与空间特征，实现刀具剩余寿命的动态监测；何彦等人[26] 用卷积提取空间特征，使监测精度更进一步。

CNN 在处理海量数据的工程设备监测任务中表现出色，具有自动特征提取和识别的能力，从而无需人工介入。此外，CNN 的权重共享特性有效地减少了模型参数的数量，简化了优化过程。通过应用卷积网络，序列预测的精度和效率得到了显著提高。在多个基准数据集上，卷积网络表现出了优异的性能，证明了其在序列预测任务中的有效性。然而，卷积网络在序列预测中也面临着一些挑战，例如，如何捕捉长程依赖性、如何处理可变长度序列等。因此，需要进一步深入研究基于 CNN 的方法，以提高预测精度和可靠性。同时，结合其他方法形成有效的集成模型也是未来研究的一个重要方向。

(4) 基于 RNN 的预测方法

循环神经网络（RNN）是一类特殊的前馈神经网络，其独特之处在于它包含了前馈连接与内部反馈连接。这种特殊结构使得 RNN 在处理具有相互依赖特性的监测向量序列时表现出色，因为它能够保留隐含层上一时刻的状态信息。这个特性使得 RNN 在处理序列数据方面具有显著优势[27]。在自然语言处理中，RNN 可以用于文本生成、情感分析、机器翻译等任务。此外，RNN 还可以应用于语音识别、时间序列分析等领域。这些应用都充分利用了 RNN 处理序列数据的优势。

在刀具磨损预测方法中，RNN 的基本思路是将工程中的监测数据作为网络输入，然后使用时间反向传播对模型参数进行训练，以实现设备的状态预测。值得一提的是，RNN 的内部反馈连接刻画了监测数据的前后依赖性，这是处理时序数据的关键。RNN 在状态预测的研究已经取得了丰硕的成果，并且得到了广泛的应用。KAIYE 等人[28] 通过时间梯度计算、扩展卡尔曼滤波训练方法和进化算法对递归神经网络进行反向传播训练，实现了精确的寿命预测。LIU 等人[29] 提出了一种用于系统动态状态预测的自适应递归神经网络（ARNN）。该网络基于自适应递归神经网络结构，并采用递归

Levenberg-Marquardt（RLM）方法自适应优化网络权重。然而，传统的RNN也存在一些问题，比如“记忆衰退”问题。为此，研究者们提出了一种长短期记忆（LSTM）模型[30]。LSTM模型引入了门结构，能够在最优条件下控制信息的流动，从而有效解决了传统RNN的“记忆衰退”问题。WANG等人[31]利用LSTM学习锂离子电池退化容量之间的长期依赖关系，采用弹性均方反向传播方法对LSTM进行自适应优化，并采用dropout技术解决过拟合问题。然而，循环神经网络处理长期依赖性退化数据时容易出现梯度消失或爆炸问题，以及对多维数据处理的能力有限，GUO等人[32]采用相关性和单调性度量用于特征选择标准，基于所选择的敏感特征对LSTM进行训练，减少了数据输入量，有效克服了梯度消失或爆炸问题，同时避免了需要预先人工设定阈值的问题。此外，ZHANG等人[33]提出了一种新的基于双向长短期记忆网络的数据驱动设备退化估计方法，该方法可以充分利用双向传感器数据序列。通过对隐藏层的可视化分析，该模型能够利用多种工况的传感器数据、故障模式和退化模型来揭示隐藏模式。通过使用C-MAPSS数据集的实验验证，用于寿命估计的BiLSTM方法优于其他传统方法。

1.2 刀具故障预测研究现状

为了实时监测和预测刀具磨损状态，研究者们针对单一预测网络方法的缺陷，提出了基于数据驱动的组合方法。这些方法利用不同的特征提取手段和模型算法，旨在准确地识别刀具的磨损状态并预测其剩余寿命。

LI等人[34]利用相关分析提取了切削力信号的14个时域特征，提出了刀具磨损状态监测的V-SVR模型，实现了对刀具磨损状态的实时监测和准确预测。REN等人[35]提出了一种将从振动信号中提取的时频特征与估计的小波系数相结合的预测方法，利用Autoencoder和深度神经网络完成刀具剩余寿命预测。李贵红等人[36]提出了一种利用EMD和支持向量机分析确定铣刀磨损状态的技术。WANG等人[37]介绍了一种跨物理数据融合（CPDF）技术，作为一种建模策略，用于融合物理模型和数据驱动模型发现的隐藏信息。HUANG等人[38]设计了一种自适应特征融合与自动连续监测相结合的DCNN模型。XU等人[39]结合残差连接与通道关注力机制，考虑不同特征映射的权重，从而提高了模型的性能。LIANG等人[40]提出了一种基于改进混合微分灰狼优化支持向量机（IHDGWO-SVM）的刀具磨损预测模型，通过时域、频域和小波分析提取力和振动信号的特征。HE等人[41] 提出了一种基于原始温度信号反向传播神经网络回归的堆叠稀疏自编码器模型来预测刀具磨损，通过增加带有稀疏项和权重惩罚项的损失函数，增强了堆叠稀疏自编码器模型的鲁棒性和泛化性。HE 等人[42] 提出了一种基于堆叠稀疏自编码器（Stacked Sparse Autoencoder，SSAE）和多传感器特征融合的深度学习的铣刀磨损预测方法，在时域、频域和时频域提取信号特征，通过相关分析挖掘出最优的多传感器特征，并将其输入 SSAE 进行深度特征学习。DUAN 等人[43] 针对现有监测模型泛化能力不足的问题，提出了一种新的多尺度叠加稀疏主成分分析网络（MS-SPCANet）来预测刀具磨损，并利用短时傅里叶变换（STFT）生成时频图像；引入稀疏性、多尺度滤波器和多尺度池化层，优化 PCANet 结构，实现不同滤波尺度下的图像融合。LI 等人[44] 提出了一种新的基于物理的元学习框架，该框架利用经验方程的参数来提高建模的可解释性，并优化数据驱动的模型。

金属切削是一个具有强随机性和非线性特征的复杂动态过程，而刀具的磨损或断裂会对产品表面质量和加工精度产生直接影响。HE 等人[45] 提出了一种基于模态分解、多通道输入、多尺度卷积神经网络和双向长短期记忆网络（BiLSTM）的组合预测方法，用于实时监测刀具状态和预测刀具磨损量。该方法同时考虑了数字信号的特征和预测网络模型问题。首先，使用 Pearson 和斯皮尔曼技术对收集的传感器信号进行相关分析，以有效地减少输入信号的数量；其次，使用完全集成经验模态分解与自适应噪声（CEEMDAN）来增强信号的局部特征，从而提高神经网络的识别精度；此外，解构的信号被转换成多通道输入矩阵，多尺度空间特征和双向时间特征分别使用多尺度 CNN 和 BiLSTM 来恢复；最后，采用该策略，利用真实的 PHM 数据进行了仿真验证。

1.3 轴承剩余寿命预测研究现状

随着智能制造向智能化、数字化深度转型，预防性维护从被动检修向主动健康管理升级，轴承作为机械设备核心部件，其运行状态直接影响产线连续性与安全性。实际生产中，轴承的失效过程涉及磨损、疲劳、润滑失效等复杂机制，运行时产生的振动、温度、声发射等多维信号相互耦合，呈现非平稳、强噪声、动态时变特性。因此，如何实现轴承退化状态的精准量化评估，已成为当前研究的关键突破口。

PHM是一种结合数据分析、预测建模和健康管理技术的方法，旨在通过监测、诊断和预测设备或系统的状态，提前发现潜在问题并进行有效管理。通过故障预测、健康评估和维护优化，PHM技术能够及早发现潜在问题，优化维护策略，提高设备可靠性和效率，从而降低设备故障带来的生产中断和损失，推动企业生产运营的智能化和可持续发展。剩余使用寿命预测是PHM研究的关键目标之一，旨在通过利用设备的实时数据和先进的数据分析技术，估计设备在发生故障前的剩余运行时间。

轴承作为工业设备的关键旋转部件，长期承受复杂载荷与环境应力，其性能退化易引发故障。滚动轴承失效易引发旋转机械故障，轴承的动态性能直接影响监测控制系统的精度。精准预测轴承剩余寿命（RUL）对设备维护、安全管控及成本优化至关重要。通过RUL预测可降低突发故障风险与经济损失。

1.3.1 基于模型的轴承剩余寿命预测方法

基于模型的剩余寿命预测方法主要包括经验模型和物理模型两种。基于经验模型的方法主要依赖于历史数据和经验知识进行预测[46]。基于物理模型的方法是对轴承的工作原理和结构进行建模和理解[47]。下面是关于基于模型的滚动轴承剩余寿命预测方法的当前研究进展。

基于经验模型的轴承寿命预测方法依赖于已有的历史数据和统计规律，适用于那些缺乏详细物理参数或者不便于进行复杂物理建模的情况。

WEN等人[48]提出了一种基于非线性维纳过程模型的方法，用于轴承的RUL预测，旨在提高机械系统的可靠性和可用性，在RUL预测和不确定性管理方面比指数模型和线性模型具有更好的性能。AHMAD等人[49]提出使用动态回归模型估计轴承RUL，能够确定适当的开始预测时间和动态校准的回归模型，具有良好的预测性能。回归模型通过递归更新以捕获轴承健康指标的演变趋势，进而预测未来健康指标的数值，并估计轴承的RUL。WANG等人[50]提出基于概率的轴承RUL预测框架，采用概率模型对给定检测到的早期故障的轴承进行RUL预测。其采用最小二乘法和无信息分布来设置先验知识，可以在没有其他轴承的训练数据的情况下工作。为了解决在线监测数据的信息得不到充分利用及测量值和滤波值之间的差异导致的RUL预测产生巨大误差等问题，LI等人[51]提出基于维纳滤波的轴承RUL预测方法，该方法采用改进的卡尔曼滤波（Kalman Filtering，KF）和自适应修正算法，在稳定性和预测精度上都具有一定的优越性。采用基于维纳的指数模型建立降解过程模型。改进后的KF方法旨在尽可能降低随机噪声的影响，其中噪声量化采用贝叶斯更新方法，通过自适应修正方法来减少预测误差，从而进一步提高预测精度。YAN等人[52]提出基于迭代更新的退化回归模型的轴承性能预测方法，该方法利用迭代更新的退化回归模型来捕捉轴承健康指标的退化趋势，并利用该模型预测轴承健康指标（Health Indicator，HI）的退化轨迹和估计轴承的RUL。为了提高预测性能，YAN等人设计了基于梯度变化的自适应拐点检测方法，并采用一种新的平滑方法来减少退化轨迹中的虚假波动，该方法能有效检测拐点，确定预测开始时间，并能根据HI的退化趋势动态校正退化回归模型。自润滑球面滑动轴承的寿命预测主要基于大多数重要轴承制造商采用的经验公式，通常缺乏充分的理论支持，校正系数难以确定，导致寿命预测精度较低。为了解决这个问题，WANG等人[53]建立了基于失效物理模型和加速退化试验的自润滑球面滑动轴承寿命预测方法，为快速准确地预测自润滑球面滑动轴承寿命提供了理论方法。

然而，传统的基于物理与经验模型的剩余寿命预测方法未充分利用对模型的深入分析和处理，预测精度有限。为了提高模型的预测能力，许多研究人员对传统的模型进行改进或结合其他算法以提高预测的精度。LEI等人[54]提出了基于模型的RUL预测方法，该方法包含两个主要模块：指标构建和RUL预测。在第一个模块中，设计了一种新的健康指标，即加权最小量化误差，该指标结合了多个特征之间的互信息，并与机械退化过程紧密相关。第二个模块通过最大似然估计法初始化模型参数，并利用粒子滤波算法进行RUL预测。YAN等人[55]提出结合支持向量机（Support Vector Machine，SVM）与混合退化跟踪模型的轴承RUL预测方法。该方法通过无量纲度量来评估轴承的退化状态，并在退化过程中应用混合退化跟踪模型，以优化轴承失效预测。该方法能够在设定的误差范围内准确预测轴承的RUL。CHENG等人[56]提出了一种基于经验模态分解和相关向量机相结合的融合框架。该方法利用经验模态分解对非平稳数据进行模态分解，采用峰度指数技术，从所有固有模态函数（Intrinsic Mode Function，IMF）中筛选出能够有效反映故障特征的多个IMF。随后，利用RVM对选中的平滑IMF样本进行训练，建立回归模型进行RUL预测。此外，引入减法聚类技术，减少样本规模，提高RVM的训练效率。由于滚动轴承振动信号的非平稳特性，MENG等人[57]提出了一种结合微分经验模态分解与灰色马尔可夫模型的滚动轴承RUL预测方法。与广义数学形态学颗粒特征方法相比，实验结果表明，基于数学形态学的分形谱及其参数在预测轴承退化趋势中表现出较好的效果，显著提升了灰色马尔可夫模型对退化趋势的估计准确性。

为了深入了解器件性能，建立退化过程与运行参数之间的数学映射关系，QIU 等人[58] 提出了一种结合遗传算法（Genetic Algorithm，GA）、支持向量回归（Support Vector Regression，SVR）与威布尔比例风险模型（Weibull Proportional Hazards Model，WPHM）的 RUL 预测模型。该方法经过轴承测试，验证了其预测的准确性和有效性。为了更好地表征轴承退化行为，又提出一种结合单调性、可预测性、趋势性和鲁棒性四个指标的 HI 构造算法，并通过 SVR 和 WPHM 实现了 RUL 预测。为了更准确地预测 RUL，LI 等人[59] 提出了基于风险评估和退化状态系数的 RUL 预测方法。采用自适应确定初始故障和失效阈值的风险评估方法，并使用 GA、SVM 和引入退化状态系数的改进健康指标，对试验轴承的 RUL 进行预测。

经验模型基于历史数据建立，适用于快速实施和常见工况下的预测，但受领域专业知识和先验知识的限制。物理模型则基于轴承的工作原理，能提供更精确的预测，但需要准确的参数和复杂的数学模型，且维护成本高。因此，从原始收集到的数据中进行特征提取，确保提取到的特征是充分的和关键的，从而进行寿命预测，这种研究方式逐渐成为一种趋势。

1.3.2 基于数据驱动的轴承剩余寿命预测方法

基于数据驱动的预测方法利用大量实时和历史数据，通过统计分析或机器学习技术来建立预测模型，从而预测系统的未来行为或关键指标[60]。这种方法不依赖于事先建立的理论模型，而是通过数据的收集、分析和模式识别，提供高精度和高可靠性的预测能力，适用于各种复杂和动态变化的系统。该方法相对于基于模型的优势，在于其能够直接利用大量的实际数据进行分析和预测，无须事先假设或建立复杂的数学模型，因此更加灵活且适应性更强，能够快速反映数据中的变化和趋势，尤其在数据质量高且变化频繁的情况下表现突出。深度学习作为数据驱动预测方法的一种实现方式，能够有效地应对复杂、非线性的预测任务[61]。

计算能力的迅速提升和大数据技术的快速发展推动了深度学习算法在 RUL 预测方面的广泛应用，为解决 RUL 预测问题提供了端到端的解决方案[62]。

当前，基于深度学习的 RUL 预测方法主要包括：CNN[63]、深度神经网络（Deep Neural Network，DNN）[64]、门控循环单元（Gated Recurrent

Unit，GRU)[65] 和 LSTM[66] 等。基于 CNN 的剩余寿命预测方法使用 CNN 来分析时间序列数据，从而预测设备的剩余寿命。通过卷积层提取特征，模型可以捕捉数据中的局部模式和时间依赖性。然后，模型通过全连接层将这些特征用于最终的预测。基于 DNN 的剩余寿命预测方法通过多层神经网络架构处理复杂的输入数据。首先，模型通过输入层接收设备的运行数据；然后，经过多层隐藏层进行特征提取和非线性变换；最后，通过输出层生成剩余寿命预测。DNN 能够自动学习数据中的复杂关系，适应不同的特征分布，从而提高预测的准确性和可靠性。GRU 通过门控机制有效管理信息的流动，从而捕捉长期依赖关系，并在保持良好性能的同时降低了计算复杂度。与之相比，LSTM 通过其特殊的门控结构来管理信息的存储与遗忘，从而实现对长期依赖关系的有效建模。该模型能够处理复杂的时间序列特征，适应数据中的非线性模式。然而，单一的网络通常并不能很好地满足 RUL 的预测需求，因此许多研究者将多种网络结合使用来实现 RUL 预测。下面是关于数据驱动的深度学习方法在 RUL 预测领域的研究进展。

轴承在旋转机械的正常运行中扮演着关键角色，基于数据驱动的 RUL 预测方法在智能预测领域展现了显著的应用潜力。深度学习和工业大数据的最新进展为数据驱动的轴承 RUL 预测提供了新的解决方案，但仍面临着重大挑战，如最佳特征选择和高效特征压缩。REN 等人[67] 提出了一种新的轴承 RUL 预测框架，结合了深度自动编码器和 DNN。由于退化数据的稀缺性，数据驱动方法的预测精度受到很大限制。此外，由于温度等外部因素的影响，模型驱动方法建立的表征降解过程的数学模型不稳定。针对这一问题，REN 等人[68] 提出了一种结合改进 CNN 和 LSTM 的 RUL 预测方法。该方法利用深度 CNN 和 LSTM 的优势，旨在从有限的数据中提取更为深层的特征信息。

现有的 DNN 模型主要是单路径和自上而下地传播。为了提高网络的预测精度，LI 等人[69] 提出了基于 LSTM 和 CNN 的有向无环图网络，用于预测机器的 RUL。与现有的 CNN 和 LSTM 简单结合的预测模型不同，该方法将 CNN 和 LSTM 进行了更深度的融合，而不是仅仅使用 CNN 进行特征提取。MA 等人[70] 提出了一种新的深度神经网络，称为基于卷积的长短期记忆网络，用于预测旋转机械的 RUL。与传统将 CNN 与 LSTM 串联的做法不同，该网络通过对 LSTM 的输入与状态之间的转换进行卷积操作，充分融合了信号的时频域信息。这一结构不仅保留了 LSTM 的优势，还增强了对长期依赖关系的捕捉能力，同时能够从时频域中提取关键特征。

针对传统滚动轴承剩余寿命预测方法主要关注预测精度提高而忽视人工成本和时间的不足，YAO 等人[71] 提出了一种结合改进的 1D-CNN 和简单递归单元（Simple Recurrent Unit，SRU）网络的滚动轴承 RUL 预测方法。该方法通过 1D-CNN 提取信号特征，并采用全局最大池化层代替传统的全连接层。在预测阶段，针对 RNN 串行操作的局限，设计了并行输入的 SRU 网络结构。该方法在一定程度上减少了人工干预和时间成本，为滚动轴承剩余使用寿命预测提供了一种智能化方法。传统机器学习方法通常假设训练集和测试集来自相同的分布，且彼此独立。然而，在实际应用中，由于数据分布的差异，这一假设往往难以成立，从而限制了传统方法的有效性。针对这些问题，LIU 等[72] 提出了一种基于 CNN-LSTM 的 RUL 预测领域自适应框架，通过引入共享编码网络和域自适应机制，减小了源域和目标域之间的数据分布差异。同时，他们还提出了一种交叉链接架构用于特征融合，该架构考虑了不同层次的特征，以保证生成的融合特征包含足够的信息用于预测。

目前的寿命预测研究需要大量的标记训练数据，假设训练数据和测试数据遵循类似的分布。LIU 等人[73] 提出了一种结合区域自适应 LSTM 与 DNN 的剩余寿命预测方法。该方法利用 LSTM-DNN 网络进行数据特征提取和回归分析。ZRAIBI 等人[74] 提出了一种名为 CNN-LSTM-DNN 的混合方法，它是 CNN、LSTM 和 DNN 的组合，用于估计电池的 RUL 并在可接受的执行时间内提高预测精度。与各种机器学习估计算法进行比较，显示了所提出的混合估计方法的优越性。

传统的数据驱动方法需要大量的工作来提取退化特征并构建健康指数。CHENG 等人[75] 利用深度 CNN 来预测轴承的 RUL。CHEN 等人[76] 提出先使用核主成分分析进行非线性特征提取，再使用 GRU 预测 RUL。为了解决物理模型对复杂系统的描述能力越来越弱和传统的数据驱动方法对复杂特征的学习能力也越来越有限的问题，LI 等人[77] 提出了基于多尺度 DNN 的 RUL 预测方法。该方法在不使用任何先验信息的情况下，构建了状态监测数据与真实 RUL 之间的直接关系。为了克服在网络构建过程中没有考虑不同退化状态的时间依赖性和 RUL 预测不确定性的不足，WANG 等人[78] 提出了一种基于递归卷积神经网络（Recurrent Convolutional Neural Network，RCNN）的剩余寿命预测方法。该方法通过构建递归卷积层来捕捉退化状态的时间依赖性，并利用变分推理来量化 RCNN 在预测过程中的不确定性。

针对目前基于 RNN 的预测模型中历史趋势信息容易被遗忘的问题，ZHOU 等人[79] 提出了一种新的增强型记忆门控递归单元网络，该网络重用前一时刻的状态信息。深度学习方法由于其强大的特征提取能力，为 RUL 预测提供了更好的点估计。由于测量噪声和模型参数的影响，预测结果通常差异很大。为了表达预测的不确定性，不仅需要计算所确定的 RUL 预测值，还需要计算 RUL 的置信区间。SHE 等人[80] 提出了基于自举法的双向门控递归单元（Bidirectional Gated Recurrent Unit，Bi-GRU）网络用于 RUL 预测，RUL 的置信区间是通过自举法获得的。对于现有的规则语言预测，数据冗余和初始预测时间的问题会显著影响预测结果。因此，CHANG 等人[81] 提出了一种结合多层网格搜索优化的 LSTM 网络，用于 RUL 预测。该方法在保证精度的前提下，通过融合特征数据、优化网络参数，有效地预测了轴承的非平稳退化。在复杂工况和多种异常环境中，噪声的干扰可能导致模型变得更加复杂，从而影响 RUL 预测的精度。同时，如何利用传感器的时间特征也是一个问题。为了克服这些问题，PENG 等人[82] 提出了一种双通道 LSTM 网络模型。该方法的优点在于自适应地选择时间特征，然后对时间特征进行一阶处理，并使用 LSTM 提取时间特征和一阶时间特征信息。

滚动轴承广泛应用于旋转机械中，其 RUL 的预测对保障系统安全运行具有重要作用。由于轴承退化过程的物理复杂性，基于物理模型对其精确建模非常困难，基于数据驱动的方法成为有效的替代方案。因此，刘业峰等人[83] 提出了具有自注意力（SA）的时间卷积网络（TCN）和双向门控循环单元（Bi-GRU）的预测模型来实现轴承的 RUL 预测。在 TCN 中嵌入 SA 进行特征提取，以突出关键特征对寿命预测的影响；引入 Bi-GRU 实现轴承最终 RUL 预测，以弥补 TCN 不能捕捉双向时间序列信息的缺陷。针对目前的方法通常只从单个尺度提取特征，而忽略其他尺度的信息，存在特征提取不充分的问题，王帅等人[84] 提出了一种基于多头注意力（Multi-head Attention，MA）与多尺度时间卷积网络（Multi-scale Temporal Convolutional Network，MsTCN）的轴承 RUL 预测模型。该模型利用 MsTCN 提取多尺度特征，并引入 MA 机制来辅助 MsTCN 的工作。MA 位于 MsTCN 的头部，通过并行处理多个注意力机制来捕捉重要特征，从而提高 MsTCN 的提取效率。

1.4 故障诊断中不平衡数据集处理方法研究现状

在工业过程异常或故障情况下采集数据经常受到环境制约，容易造成不同类别数据之间的失衡，如何对数据进行有效的平衡是领域内研究的热点问题之一。解决这一问题的方法主要分为数据级方法、算法级方法和混合方法[85]，数据质量对模型影响具有直接性，提升数据质量往往比单纯改进算法更为有效，以下重点关注数据层面的研究。

数据级方法包括过采样和欠采样方法。欠采样的代表方法有随机欠采样[86]、压缩近邻（Condensed Nearest Neighbor，CNN）[87]、威尔逊编辑最近邻规则（Willson’s Edited Nearest Neighbor Rule，ENN）[88] 和单边选择（One-Sides Selection，OSS）[89] 等。随机过采样[90] 是最简单的过采样方法，通过随机复制少数类样本来实现平衡。然而，这种方法可能会导致过拟合，因为它没有引入新的信息到数据集中。为了能够产生新的信息，CHAWLA 等人[91] 提出的 SMOTE（Synthetic Minority Oversampling Technique）方法通过插值产生新样本，该方法为解决不平衡问题提供了新的方向，提高了分类器在测试集上的泛化性能，成为处理不平衡数据有效的预处理技术，并成功地应用于许多不同领域。

尽管如此，SMOTE 在处理高维数据和离群点时仍然有局限性。随后涌现出了一批 SMOTE 方法的变种，例如 SMOTEN[91]、Borderline-SMOTE[92]、ADASYN（Adaptive synthetic sampling approach）[93]、K-Means-SMOTE[94]、CP-SMOTE（Center Point SMOTE）[95]、IO-SMOTE（Inner and Outer SMOTE）[95]、K-Means-SMOTE-ENN[96]、Radius-SMOTE[97]、BO-SMOTE（Bayesian-Optimization-Based-SMOTE）[98]。SMOTEN 针对分类型数据、结合距离度量方法，采用 VDM（Value Difference Metric）距离[99] 来度量样本间的距离，进而过采样。Borderline-SMOTE 聚焦于在分类边界附近的少数类样本生成新样本。ADASYN 算法根据数据分布自适应地改变少数类样本的权重，自动地确定新样本数量，来补偿偏态分布。K-Means-SMOTE 算法将聚类算法与 SMOTE 结合，利用 K-means 对数据聚类，进而在少数类样本较多的簇内进行 SMOTE 过采样。CP-SMOTE 方法通过寻找几个中心点生成新样本，然后将少数样本与其对应的中心点进行线性组合。IO-SMOTE 方法将少数样本分为内样本和外样本，然后在后续生成新样本的过程中尽可能地使用内样本。K-Means-SMOTE-ENN 包含了用于处理有噪声的不平衡数据集的重采样技术。Radius-SMOTE通过基于安全半径距离创建合成数据来强调初始选择方法，新的合成数据可以避免在安全半径距离的相反类别中重叠。BO-SMOTE将分类器的预测视为一个黑盒优化问题，采用贝叶斯优化（BO）迭代生成少数样本。这些过采样方法产生的新数据仍具有随机性，且与原始数据的分布有较大偏差。

为了研究原始数据的分布，研究者们做了一些努力，尤其是在处理高维不平衡数据的问题中。高维不平衡数据中存在的分布稀疏、特征冗余或特征不相关等问题影响传统学习算法对少数类样本的识别，通过特征选择或降维处理则是一种常见方法，如LASSO-SMOTE算法[100]、BRFE-PBKS-SVM算法[101,102]以及随机森林法和SMOTE相结合的算法[103]。除此之外，Polynom-fit-SMOTE[104]和DeepSMOTEA[105]从更高维度去探索数据的分布。但前者对离群点的处理效果不好，后者则计算量较大。近年来，有研究人员从计算几何的角度去探索新样本的生成。G-SMOTE算法[106]通过在每个选定的少数类样本周围的几何区域内生成人工样本，拓展了SMOTE数据的生成范围。DTO-SMOTE[107]是一种基于Delaunay剖分和SMOTE相结合的数据平衡处理方法，它对原始数据进行降维处理，进而基于单纯形来生成样本。FE-SMOTE[108]也是基于有限元方法提出的，它不进行数据降维处理，主要特点是使得生成的样本更符合少数类样本的原始分布，即新样本的期望等于所构建的基本单元中心的期望。

1.5 研究意义

随着科技进步与社会经济发展，现代制造业对产品质量、性能及生产效率提出了更高的要求。高速切削、硬切削等先进制造技术的广泛应用，更加强调了基础刀具性能，使得刀具磨损问题愈发凸显。因此，需要更准确的刀具磨损预测方法以支持这些先进制造技术的应用。传统刀具管理方式主要依赖人工经验判断与定时更换制度，此方法存在一定盲目性与滞后性，可能导致过度消耗或浪费现象。为提升生产智能化水平并实现精细化管理，开展针对刀具磨损的智能预测技术研究显得尤为重要。此外，随着物联网与智能制造技术的迅速发展，实时监控与预测设备状态成为可能。传感器可实时监测刀具磨损情况，并利用数据分析与算法模型进行预测。这为刀具磨损预测技术提供了新的发展契机，有助于实现更为精确和智能的刀具管理。

刀具磨损预测技术对于现代制造业具有广阔的应用前景。深入研究刀具磨损机理，有助于制造商更好地理解刀具磨损的原因及规律。通过掌握刀具磨损的内在机制，制造商可以有针对性地开发更有效的预测方法和磨损控制策略，制定个性化的刀具维护计划，延长刀具的使用寿命，降低生产成本。实时监控与预测刀具磨损是实现刀具管理智能化的关键。通过采用先进的传感器技术和数据分析方法，制造商可以实时获取刀具的磨损数据，并通过算法模型进行预测分析。这样，制造商就能根据预测结果，提前采取相应的措施，如调整工艺参数、更换刀具等，以确保生产过程的稳定性和连续性。

轴承作为工业设备的关键组件之一，在机械设备中承载着旋转设备的负荷。然而，机械设备的长期使用和各种环境因素的综合影响会导致轴承性能逐渐下降，最终可能导致损坏和故障，导致经济损失或人员伤亡。研究表明，约 30%的旋转机械故障源自滚动轴承的失效[109]。在许多情况下，用于监测和控制电机系统的仪器和设备的精度在很大程度上取决于轴承的动态性能。精确预测轴承的剩余寿命对于设备维护、生产计划和安全管理至关重要。有效的 RUL 预测可以显著降低维护成本，有效预防由突发故障造成的严重后果[110]。

在智能制造和预防性维护的背景下，结合实时监测数据和数据分析技术，可以建立准确的轴承预测模型，预测轴承的 RUL，并为运维团队提供决策支持。这种方法不仅有助于优化设备运行效率，还能提升生产系统的整体安全性和可靠性。由于轴承在运行过程中会产生大量复杂且高度非线性的振动信号，如何从中提取有效特征并进行精准预测，成为当前研究中的一个重要挑战[111]。因此，本书采用数据驱动的预测方法估算滚动轴承的剩余寿命，通过分析振动信号数据，提高预测的精度，有效预防设备故障，为工业生产提供了重要的技术支持和经济利益，具有重要的研究意义。

第 2 章

相关理论基础及神经网络框架

随着工业设备智能化与复杂化程度的不断提升，机械故障诊断领域对数据分析技术的需求发生了根本性转变。早期基于信号处理与统计学习的浅层模型，如小波变换结合支持向量机或人工神经网络，虽然在特定工况下能够完成基础故障分类任务，但其局限性在应对高维异构数据、非线性退化模式及动态工况干扰时愈发凸显。这类方法高度依赖专家经验设计时频域特征提取规则，不仅需要耗费大量人力进行特征工程优化，还容易因人工特征与故障机理的匹配偏差而导致信息损失。尤其面对旋转机械振动信号中微弱故障冲击成分与强背景噪声的耦合问题，传统模型难以有效分离故障特征与干扰信号，往往在早期故障识别阶段出现灵敏度不足或误报率升高的情况。与此同时，设备运行工况的多样性使得固定特征集难以适应转速波动、负载变化等动态场景，导致模型泛化能力受限，严重制约了诊断系统在跨设备、跨工厂场景中的迁移应用。

深度学习技术的引入为机械故障诊断开辟了全新的技术范式。从早期的自编码器、受限玻尔兹曼机等浅层网络，到如今深度卷积神经网络、图神经网络、Transformer 架构的迭代演进，这一技术体系通过构建多层非线性变换结构，逐步突破了传统方法的性能瓶颈。以卷积神经网络为例，其通过局部感受野与权重共享机制，能够从原始振动信号的时频图像中自动提取多尺度空间特征，逐层解析故障冲击成分的时频分布规律。对于具有时序依赖性的声发射信号或温度序列，长短期记忆网络与门控循环单元通过记忆门控机制捕捉故障特征的动态演变轨迹，显著提升了变工况下退化状态识别的连续性。更值得关注的是，深度学习的端到端学习机制实现了从原始数据到故障类别的直接映射，避免了人工特征设计引入的主观偏差，使模型能够自主挖掘信号中隐含的深层关联模式。例如，在齿轮箱复合故障诊断中，多通道CNN并行架构可同步处理振动、噪声、油液等多模态传感数据，通过跨模态特征融合揭示不同故障源之间的耦合效应，这是传统单模态分析方法难以实现的突破。

深度学习的另一核心优势在于其多层次特征抽象能力，能够从微观到宏观多维度解析故障特征。浅层网络层通常捕获信号的高频细节（如局部脉冲或谐波分量），深层网络则逐步整合全局上下文信息（如周期性调制特征或能量分布趋势），这种多尺度特征金字塔结构特别适用于微弱故障的早期检测。以轴承早期微点蚀故障为例，深度残差网络通过跳跃连接增强高频特征的传递效率，并结合注意力机制动态强化故障敏感频段的特征权重。此外，迁移学习与领域自适应技术的融合应用，显著提升了模型在跨设备、跨工况场景中的泛化性能。通过在大规模仿真数据或同类设备数据上进行预训练，再利用目标设备的少量样本进行微调，模型能够快速适应新传感器的安装位置差异、设备型号参数变化等现实挑战，大幅降低工业现场的数据标注成本和模型部署门槛。

当前，深度学习技术正朝着增强可解释性、提升计算效率的方向持续演进。可视化工具的应用使工程师能够直观追踪神经网络对故障特征的关注区域，增强了诊断结果的可信度。轻量化模型设计结合边缘计算部署，满足了工业现场对实时诊断的严苛需求。随着对物理引导神经网络、小样本学习等前沿技术的深入探索，深度学习不仅推动着故障诊断从“阈值报警”向“寿命预测”的认知升级，更为构建具有自感知、自诊断能力的智能装备生态系统奠定了技术基石。

2.1 深度学习基础

深度学习的突破源于数学理论与计算科学的融合。从数学理论的角度出发，系统梳理微积分、线性代数与概率统计的核心理论，通过矩阵运算与特征值分解揭示高维数据的降维本质；基于贝叶斯理论与概率分布构建故障模式的不确定性量化框架；以随机梯度下降与自适应优化算法为工具，解决高维非凸空间中的参数优化难题。这些数学工具不仅为深度学习模型提供了严格的数学描述，更与机械振动信号的多通道分析、故障模式分类等实际问题形成映射，体现了从理论向工程实践延伸的逻辑。在算法架构层面，聚焦于深度学习的核心组件：从单层感知器的线性可分性原理，到前馈全连接神经网络的非线性逼近能力，逐步剖析网络结构的演化路径；通过反向传播算法的链式求导规则与激活函数的梯度动态特性，阐明模型训练的数学本质；结合损失函数的构造逻辑，探讨模型泛化性能与过拟合风险的平衡机制。这些内容以机械故障诊断中的典型数据（如振动频谱、声发射信号等）为隐含背景，凸显理论与工程场景的深度耦合。

2.1.1 数学基础

(1) 微积分

① 导数。导数的概念是以极限的思想为基础建立的，如图 2.1 所示，函数 $y=f(x)$在 x_0 的导数为

$$\lim_{\Delta x \to 0} \frac{f(x_0+\Delta x)-f(x_0)}{\Delta x} \tag{2-1}$$

导数记作$\frac{\mathrm{d}y}{\mathrm{d}x}|_{x=x_0}$，或者 $y'|_{x=x_0}$，或者 $f'(x_0)$，所以

$$\frac{\mathrm{d}y}{\mathrm{d}x}|_{x=x_0}=y'|_{x=x_0}=f'(x_0)=\lim_{\Delta x \to 0} \frac{f(x_0+\Delta x)-f(x_0)}{\Delta x} \tag{2-2}$$

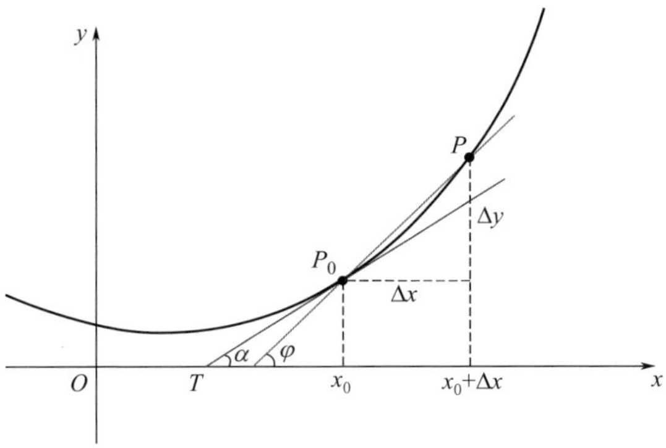

图 2.1　导数的定义

当 x_0 数值发生变化时，函数 $y=f(x)$在 x_0 点的导数也会相应地发生变化，所以函数 $y=f(x)$的导数也是关于 x 的函数，称为函数 $y=f(x)$的导函数，记作

$$\frac{\mathrm{d}y}{\mathrm{d}x},\text{或者 } y',\text{或者 } f'(x) \tag{2-3}$$

函数的导数是函数中一个非常重要的性质，表示的是函数在 x_0 处的瞬

间变化率，从几何角度出发，导数表示的是函数图像在 x_0 处的切线的斜率。

函数求导的四则运算以及复合求导法则如下。

函数相加求导：

$$[u(x)\pm v(x)]'=u'(x)\pm v'(x) \tag{2-4}$$

函数相乘求导：

$$[u(x)v(x)]'=u'(x)v(x)+u(x)v'(x) \tag{2-5}$$

函数相除求导：

$$\left[\frac{u(x)}{v(x)}\right]'=\frac{u'(x)v(x)-u(x)v'(x)}{v^2(x)},\quad v(x)\neq 0 \tag{2-6}$$

复合函数求导：

$$\{f[g(x)]\}'=f'(u)g'(x),\quad u=g(x) \tag{2-7}$$

② 局部最大最小值判断。如图 2.2 所示，当导数大于 0 时，曲线呈现上升趋势；当导数小于 0 时，曲线呈现下降趋势；导数为 0 时，函数在该点取得局部最大或最小值，并且在该点附近，导数的值会变得非常小。

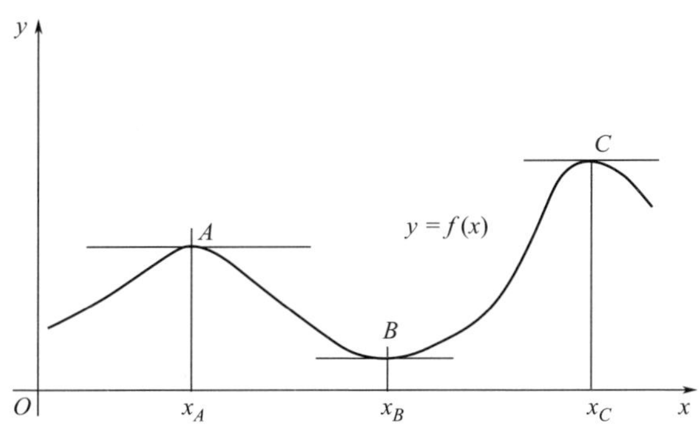

图 2.2　函数的局部最大与最小值

③ 偏导数。对于二元函数 $z=f(x,y)$来说，它有两个自变量：x、y。对变量 x 求导数

$$\lim_{\Delta x\to 0}\frac{f(x_0+\Delta x,y_0)-f(x_0,y_0)}{\Delta x} \tag{2-8}$$

它称为函数 $z=f(x,y)$在(x_0,y_0)点处对于 x 的偏导数，记作

$$\frac{\partial z}{\partial x}\Big|_{x=x_0,y=y_0}，或者\ z_x\big|_{x=x_0,y=y_0}，或者\ f_x\ (x_0,\ y_0) \tag{2-9}$$

对变量 y 求导数

$$\lim_{\Delta y \to 0} \frac{f(x_0, y_0 + \Delta y) - f(x_0, y_0)}{\Delta y} \tag{2-10}$$

它称为函数 $z=f(x,y)$在(x_0,y_0)点处对于 y 的偏导数，记作

$$\frac{\partial z}{\partial y}\Big|_{x=x_0, y=y_0}，或者\ z_{y|x=x_0, y=y_0}，或者\ f_y\ (x_0,\ y_0) \tag{2-11}$$

跟导数类似，函数 $z=f(x,y)$，对于变量 x 的偏导数也是 x 和 y 的函数，称为函数 $z=f(x,y)$对于 x 的偏导数，记作

$$\frac{\partial z}{\partial x},或者\ z_x，或者\ f_x(x,y) \tag{2-12}$$

同样，函数 $z=f(x,y)$对于 y 的偏导数也是 x 和 y 的函数，称为函数 $z=f(x,y)$对于 y 的偏导数，记作

$$\frac{\partial z}{\partial y}，或者\ z_y，或者\ f_y(x,y) \tag{2-13}$$

函数 $z=f(x,y)$在(x_0,y_0)点处对于 x 的偏导数是 y 不变的情况下 x 在(x_0,y_0)点的瞬时变化率；函数 $z=f(x,y)$在(x_0,y_0)点处对于 y 的偏导数是 x 不变的情况下 y 在(x_0,y_0)点的瞬时变化率。

(2) 线性代数

① 标量。标量（Scalar）是指仅包含单一数值的数学量，它不同于线性代数中的其他对象，通常使用斜体字母符号进行表示。在数学定义中，标量的数值属性需要显式说明其所属的数域范畴，例如，$n\in\mathbb{N}$采用的是符号表示法，明确规定该标量为自然数集合中的元素。这种定义方式能够精确界定标量的数学性质，如标量 $n\in\mathbb{R}$ 表示实数域中的标量，而 $z\in\mathbb{C}$ 则表示复数域中的标量。

② 向量。向量（Vector）是由若干个按特定顺序排列的数值构成的集合，其数学特性由元素的顺序和维度唯一确定。在数学表示中，向量通常用粗斜体字母（如向量 $\boldsymbol{a}$），向量中的某个元素由带脚标的斜体表示，如向量 $\boldsymbol{a}$ 的第一个元素为 a_1；由 n 个有序数组成的数组（如 $\boldsymbol{a}=[a_1,a_2,\cdots,a_n]$）称为 n 维向量，这 n 个数称为这个向量的 n 个分量，其中，第 i 个数 a_i 称为向量的第 i 个分量。n 维向量根据排列形式的不同，既可以写为一行也可以写为一列，分别称为行向量和列向量。例如，行向量 $\boldsymbol{a}$ 和列向量 $\boldsymbol{b}$ 可以表示为

$$\boldsymbol{a}=[x_1\quad x_2\quad x_3\quad x_4] \tag{2-14}$$

$$
\boldsymbol{b}=\begin{bmatrix} x_1 \\ x_2 \\ x_3 \\ x_4 \end{bmatrix} \tag{2-15}
$$

③ 矩阵。矩阵是一个二维数组，其中每一个元素都被两个索引确定。由 $m\times n$ 个数 a_{ij}（$i=1,2,\cdots,m; j=1,2,\cdots,n$）组成的 m 行 n 列的矩形称为 m 行 n 列矩阵（Matrix），简称为 $m\times n$ 矩阵。通常，矩阵符号用粗斜体字母来表示，如矩阵 $\boldsymbol{A}$ 所示：

$$
\boldsymbol{A}=\begin{bmatrix} a_{1,1} & a_{1,2} & \cdots & a_{1,n} \\ a_{2,1} & a_{2,2} & \cdots & a_{2,n} \\ \vdots & \vdots & \ddots & \vdots \\ a_{m,1} & a_{m,2} & \cdots & a_{m,n} \end{bmatrix} \tag{2-16}
$$

矩阵中的数（如 a_{ij}）称为矩阵的元素，简称为元。在矩阵中，第 i 行第 j 列的元素为 a_{ij}，如果一个实数矩阵的高度为 n，宽度为 n，那么该矩阵称为 n 阶方阵，即为 $\boldsymbol{A}_n$。一个 $m\times n$ 矩阵可以看作由 n 个 m 维的列向量组成的列向量组，也可以看作由 m 个 n 维行向量组成的行向量组。若矩阵 $\boldsymbol{A}$ 和矩阵 $\boldsymbol{B}$ 行数和列数分别相等则称为同型矩阵，若在行数相等和列数相等的基础上，各个元素对应相等则称矩阵 $\boldsymbol{A}$ 等于矩阵 $\boldsymbol{B}$，记 $\boldsymbol{A}=\boldsymbol{B}$。

常见的特殊矩阵如下。

a. 零矩阵：所有元素均为 0 的矩阵称为零矩阵，记作 $\boldsymbol{0}$。

b. 单位矩阵：主对角线元素均为 1，其他所有位置元素均为 0 的矩阵，称为单位矩阵。

c. 可逆矩阵：对于 n 阶矩阵 $\boldsymbol{A}$，如果存在 n 阶矩阵 $\boldsymbol{B}$ 使 $\boldsymbol{AB}=\boldsymbol{BA}=\boldsymbol{I}_n$ 成立，则称矩阵 $\boldsymbol{A}$ 是可逆的，矩阵 $\boldsymbol{B}$ 为矩阵 $\boldsymbol{A}$ 的可逆矩阵。

d. 对角矩阵：只在主对角线上含有非零元素，其他位置元素均为 0 的矩阵为对角矩阵。

e. 对称矩阵：若矩阵 $\boldsymbol{A}$ 与它的转置矩阵 $\boldsymbol{A}^{\mathrm{T}}$ 相等，则称矩阵 $\boldsymbol{A}$ 为对称矩阵。

f. 正交矩阵：行向量和列向量均为标准正交向量的方阵，满足 $\boldsymbol{AA}^{\mathrm{T}}=\boldsymbol{A}^{\mathrm{T}}\boldsymbol{A}=\boldsymbol{I}$。结合可逆矩阵的定义，则矩阵 $\boldsymbol{A}$ 为正交矩阵。

g. 正定矩阵：对于 n 阶方阵 $\boldsymbol{A}$，如果对于任何非零向量 x 都有 $\boldsymbol{x}^{\mathrm{T}}\boldsymbol{Ax}>0$，则称这样的矩阵 $\boldsymbol{A}$ 为正定矩阵。

④ 张量。在某种情况下，会讨论二维或者二维以上的数组。通常，一个数组中的元素会分布在若干维坐标的规则网格中，称为张量。使用黑体字母来表示张量（张量 $\boldsymbol{A}$）。张量 $\boldsymbol{A}$ 中坐标为（i，j，k）的元素记 $\boldsymbol{A}_{i,j,k}$。

⑤ 矩阵运算。

a. 矩阵的秩。在一个 $m \times n$ 矩阵 $\boldsymbol{A}$ 中，任意取其中的 k 行和 k 列 $[k \leqslant \min(m,n)]$，对位于这些行列交界处的 k^2 个元素，不改变它们在行列式中的位置而得到的 k 阶行列式称为矩阵 $\boldsymbol{A}$ 的 k 阶子式。在此基础上，当矩阵 $\boldsymbol{A}$ 中存在一个行列式不等于 0 的 r 阶子式 D，且所有的 $r+1$ 阶子式行列式均等于 0 时，则子式 D 为矩阵 $\boldsymbol{A}$ 的最高阶非零子式，D 的阶数 r 即矩阵 $\boldsymbol{A}$ 的秩（rank），即 $R(\boldsymbol{A})=r$。

b. 矩阵加法。对于同型矩阵 $\boldsymbol{A}$ 和 $\boldsymbol{B}$，定义矩阵 $\boldsymbol{C}$ 为矩阵 $\boldsymbol{A}$ 和矩阵 $\boldsymbol{B}$ 的和矩阵，矩阵 $\boldsymbol{C}$ 的每个元素均等于矩阵 $\boldsymbol{A}$ 和矩阵 $\boldsymbol{B}$ 上对应元素相加的和，即

$$\boldsymbol{C}=\boldsymbol{A}+\boldsymbol{B}=\begin{bmatrix} a_{1,1}+b_{1,1} & a_{1,2}+b_{1,2} & \cdots & a_{1,n}+b_{1,n} \\ a_{2,1}+b_{2,1} & a_{2,2}+b_{2,2} & \cdots & a_{2,n}+b_{2,n} \\ \vdots & \vdots & \ddots & \vdots \\ a_{n,1}+b_{n,1} & a_{n,2}+b_{n,2} & \cdots & a_{n,n}+b_{n,n} \end{bmatrix} \tag{2-17}$$

在深度学习中，定义了一种非常规的操作，即允许矩阵与向量相加，产生新的矩阵：

$$\boldsymbol{C}_{i,j}=\boldsymbol{A}_{i,j}+\boldsymbol{b}_j \tag{2-18}$$

就是将向量 $\boldsymbol{b}$ 与矩阵 $\boldsymbol{A}$ 的每行相加。这种将向量 $\boldsymbol{b}$ 复制到很多位置的方式称为广播（Broadcasting）。

c. 矩阵的数乘。矩阵的数乘是一个标量 λ 和矩阵 $\boldsymbol{A}$ 的乘积，记作 $\lambda\boldsymbol{A}$ 或 $\boldsymbol{A}\lambda$。

$$\lambda\boldsymbol{A}=\boldsymbol{A}\lambda=\begin{bmatrix} \lambda a_{1,1} & \lambda a_{1,2} & \cdots & \lambda a_{1,n} \\ \lambda a_{2,1} & \lambda a_{2,2} & \cdots & \lambda a_{2,n} \\ \vdots & \vdots & \ddots & \vdots \\ \lambda a_{n,1} & \lambda a_{n,2} & \cdots & \lambda a_{n,n} \end{bmatrix} \tag{2-19}$$

d. 矩阵乘法。设矩阵 $\boldsymbol{A}$ 是一个 $m \times s$ 的矩阵，矩阵 $\boldsymbol{B}$ 是一个 $s \times n$ 的矩阵，规定矩阵 $\boldsymbol{C}$ 为矩阵 $\boldsymbol{A}$ 和矩阵 $\boldsymbol{B}$ 乘积之后所得的矩阵，其中

$$\begin{aligned} c_{i,j} &= a_{i,1}b_{1,j}+a_{i,2}b_{2,j}+\cdots+a_{i,s}b_{s,j} \\ &= \sum_{k=1}^{s} a_{i,k}b_{k,j}, \quad i=1,2,\cdots,m; j=1,2,\cdots,n \end{aligned} \tag{2-20}$$

由式（2-20）可知，矩阵 $\boldsymbol{C}=\boldsymbol{AB}$ 的第 i 行第 j 列元素等于矩阵 $\boldsymbol{A}$ 的第 i 行元素与矩阵 $\boldsymbol{B}$ 第 j 列元素的乘积之和。

矩阵乘法性质：

$$\boldsymbol{A}(\boldsymbol{B}+\boldsymbol{C})=\boldsymbol{AB}+\boldsymbol{AC}/(\boldsymbol{A}+\boldsymbol{B})\boldsymbol{C}=\boldsymbol{AC}+\boldsymbol{BC} \tag{2-21}$$

$$\boldsymbol{A}(\boldsymbol{BC})=(\boldsymbol{AB})\boldsymbol{C} \tag{2-22}$$

e. 矩阵的转置。把矩阵 $\boldsymbol{A}$ 的行换成同序数下的列所得的新矩阵称为矩阵 $\boldsymbol{A}$ 的转置（Tanspose），记作 $\boldsymbol{A}^{\mathrm{T}}$。

f. 矩阵的哈达玛积。设两个 $m\times n$ 的矩阵 $\boldsymbol{A}$ 和矩阵 $\boldsymbol{B}$ 的哈达玛积结果为矩阵 $\boldsymbol{C}$，所以，矩阵 $\boldsymbol{C}$ 的元素为矩阵 $\boldsymbol{A}$ 和矩阵 $\boldsymbol{B}$ 对应元素的乘积，即

$$\boldsymbol{C}=\boldsymbol{AB}=\begin{bmatrix} a_{1,1}b_{1,1} & a_{1,2}b_{1,2} & \cdots & a_{1,n}b_{1,n} \\ a_{2,1}b_{2,1} & a_{2,2}b_{2,2} & \cdots & a_{2,n}b_{2,n} \\ \vdots & \vdots & \ddots & \vdots \\ a_{m,1}b_{m,1} & a_{m,2}b_{m,2} & \cdots & a_{m,n}b_{m,n} \end{bmatrix} \tag{2-23}$$

⑥ 特征值分解。特征分解（Eigen Decomposition）是指将矩阵分解成一组特征值与特征向量的乘积。设 $\boldsymbol{A}$ 为 n 阶方阵，如果存在实数 λ 和 n 维非零列向量 $\boldsymbol{x}$，能使

$$\boldsymbol{Ax}=\lambda\boldsymbol{x} \tag{2-24}$$

成立，则 λ 为矩阵 $\boldsymbol{A}$ 的特征值，非零向量 $\boldsymbol{x}$ 为矩阵 $\boldsymbol{A}$ 对应于特征值 λ 的特征向量。式（2-24）还可以写成

$$(\boldsymbol{A}-\lambda\boldsymbol{E})\boldsymbol{x}=0 \tag{2-25}$$

这是一个含有 n 个未知数和 n 个方程的齐次线性方程组，它有非零解的充要条件是

$$|\boldsymbol{A}-\lambda\boldsymbol{E}|=0 \tag{2-26}$$

$$\begin{vmatrix} a_{1,1}-\lambda & a_{1,2} & \cdots & a_{1,n} \\ a_{2,1} & a_{2,2}-\lambda & \cdots & a_{2,n} \\ \vdots & \vdots & \ddots & \vdots \\ a_{n,1} & a_{n,2} & \cdots & a_{n,n}-\lambda \end{vmatrix}=0 \tag{2-27}$$

通过上述式子，即可得到矩阵 $\boldsymbol{A}$ 的所有特征值和与其对应的特征向量。

如果 $\boldsymbol{x}$ 是矩阵 $\boldsymbol{A}$ 的特征向量，那么与 $\boldsymbol{x}$ 线性相关的任何向量也是矩阵 $\boldsymbol{A}$ 的特征向量，且这个向量和 $\boldsymbol{x}$ 具有相同的特征值。因此，通常只考虑单位特征向量。假设矩阵 $\boldsymbol{A}$ 有 n 个线性无关的特征向量 $v_1,v_2,\cdots,v_n$，对应的特征值是 $\lambda_1,\lambda_2,\cdots,\lambda_n$。将这些特征向量组成一个矩阵，即 $\boldsymbol{V}=[v_1 \quad v_2 \quad \cdots \quad v_n]$。将特征

值排列成一个向量 $\boldsymbol{\lambda}=(\lambda_1 \quad \lambda_2 \quad \cdots \quad \lambda_n)$，以此来构造对角矩阵 $\boldsymbol{\Lambda}$。因此，矩阵 $\boldsymbol{A}$ 的特征分解记作 $\boldsymbol{A}=\boldsymbol{V\Lambda V}^{-1}$，并且只有可以进行对角化的矩阵才能进行特征分解。

⑦ 张量操作。

a. 数乘。常数 λ 乘张量 $\boldsymbol{T}=\boldsymbol{T}_{ij}e_ie_j \triangleright \boldsymbol{T}_{ij}$ 等于基张量不变，用常数 λ 乘张量的每一个分量，结果为

$$\boldsymbol{S}=\boldsymbol{S}_{ij}e_ie_j=\lambda\boldsymbol{T}=(\lambda\boldsymbol{T}_{ij})e_ie_j$$
$$\boldsymbol{S}_{ij}=\lambda\boldsymbol{T}_{ij} \tag{2-28}$$

因

$$\boldsymbol{S}'_{kl}=\lambda\boldsymbol{T}'_{kl}=\lambda\beta_{ki}\beta_{lj}\boldsymbol{T}_{ij}=\beta_{ki}\beta_{li}(\lambda\boldsymbol{T}_{ij})=\beta_{ki}\beta_{lj}\boldsymbol{S}_{ij} \tag{2-29}$$

所以数乘最后的结果为同阶的张量。

b. 加减。张量 $\boldsymbol{A}=\boldsymbol{A}_{ij}e_ie_j \triangleright \boldsymbol{A}_{ij}$ 与张量 $\boldsymbol{B}=\boldsymbol{B}_{ij}e_ie_j \triangleright \boldsymbol{B}_{ij}$ 的加减等于基张量不变，各分量加减，结果为

$$\boldsymbol{C}=\boldsymbol{C}_{ij}e_ie_j=\boldsymbol{A}\pm\boldsymbol{B}=(\boldsymbol{A}_{ij}\pm\boldsymbol{B}_{ij})e_ie_j$$
$$\boldsymbol{C}_{ij}=\boldsymbol{A}_{ij}+\boldsymbol{B}_{ij} \tag{2-30}$$

c. 并积。张量并积是向量并积的延伸，张量 $\boldsymbol{a}=\boldsymbol{a}_{ij}e_i \triangleright a_i$ 与张量 $\boldsymbol{B}=\boldsymbol{B}_{jk}e_je_k \triangleright \boldsymbol{B}_{jk}$ 的并积等于第一个张量的基和第二个张量的基进行向量的联并，第一个张量的每一个分量与第二个张量的每一个分量相乘可得并积的分量。结果为

$$\boldsymbol{C}=\boldsymbol{C}_{ijk}e_ie_je_k=\boldsymbol{aB}=(\boldsymbol{a}_i\boldsymbol{B}_{jk})e_ie_je_k$$
$$\boldsymbol{C}_{ijkl}=\boldsymbol{a}_i\boldsymbol{B}_{jk} \tag{2-31}$$

d. 单点积。点积可以理解为一种互缩并运算，它是向量点积的延伸。点积就是并积与缩并的复合运算，它是先将两个张量进行并积运算，之后将两个不同张量的自由标置为哑标。单点积是先将两个张量进行并积（所有指标均是自由标），之后将相邻的指标置为哑标的运算，如

$$\boldsymbol{a}\cdot\boldsymbol{B} \triangleright (\boldsymbol{a}_i\boldsymbol{B}_{jk})^{(\cdot ij)}=\boldsymbol{a}_i\boldsymbol{B}_{ik} \triangleright \boldsymbol{a}_i\boldsymbol{B}_{ik}e_k \tag{2-32}$$

相似的矩阵乘法 1 为

$$[\boldsymbol{a}_i][\boldsymbol{B}_{ik}]=[a_1 \quad a_2 \quad a_3]\begin{bmatrix} B_{11} & B_{12} & B_{13} \\ B_{21} & B_{22} & B_{23} \\ B_{31} & B_{32} & B_{33} \end{bmatrix} \tag{2-33}$$

$$\boldsymbol{B}\cdot\boldsymbol{a} \triangleright (\boldsymbol{B}_{ij}\boldsymbol{a}_k)^{(\cdot jk)}=\boldsymbol{B}_{ij}\boldsymbol{a}_j \triangleright \boldsymbol{B}_{ij}\boldsymbol{a}_je_i \tag{2-34}$$

相似的矩阵乘法 2 为

$$[\boldsymbol{B}_{ij}][\boldsymbol{a}_i]=\begin{bmatrix} B_{11} & B_{12} & B_{13} \\ B_{21} & B_{22} & B_{23} \\ B_{31} & B_{32} & B_{33} \end{bmatrix}\begin{bmatrix} a_1 \\ a_2 \\ a_3 \end{bmatrix} \tag{2-35}$$

$$\boldsymbol{A}\cdot\boldsymbol{B}\triangleright(\boldsymbol{A}_{ij}\boldsymbol{B}_{kl})^{(\cdot jk)}=\boldsymbol{A}_{ij}\boldsymbol{B}_{jl}\triangleright\boldsymbol{A}_{ij}\boldsymbol{B}_{jl}e_ie_j \tag{2-36}$$

相似的矩阵乘法 3 为

$$[\boldsymbol{A}_{ij}][\boldsymbol{B}_{jl}]=\begin{bmatrix} A_{11} & A_{12} & A_{13} \\ A_{21} & A_{22} & A_{23} \\ A_{31} & A_{32} & A_{33} \end{bmatrix}\begin{bmatrix} B_{11} & B_{12} & B_{13} \\ B_{21} & B_{22} & B_{23} \\ B_{31} & B_{32} & B_{33} \end{bmatrix} \tag{2-37}$$

e. 双点积。双点积是并积后对两对指标进行缩并。双点积的阶数是各阶数的和减 4。双点分成横点（串联点）与竖点（并联点）。

$$横点：\boldsymbol{A}\cdot\cdot\boldsymbol{B}=(\boldsymbol{A}_{pij}\quad\boldsymbol{B}_{klq})^{(\cdot il)(\cdot jk)}=\boldsymbol{A}_{pij}\boldsymbol{B}_{jiq} \tag{2-38}$$

$$竖点：\boldsymbol{A}:\boldsymbol{B}=(\boldsymbol{A}_{pij}\quad\boldsymbol{B}_{klq})^{(\cdot il)(\cdot jk)}=\boldsymbol{A}_{pij}\boldsymbol{B}_{ijq} \tag{2-39}$$

f. 叉积。两个张量的叉积是先进行并积，后将相邻基向量进行叉积：

$$\boldsymbol{a}\times\boldsymbol{B}=(\boldsymbol{a}_ie_i)\times(\boldsymbol{B}_{jk}e_je_k)=\boldsymbol{a}_i\boldsymbol{B}_{jk}(e_ie_j)\times e_k=\boldsymbol{a}_i\boldsymbol{B}_{jk}(e_i\times e_j)e_k \tag{2-40}$$

$$\begin{aligned}\boldsymbol{B}\times\boldsymbol{a}&=(\boldsymbol{B}_{ij}e_ie_j)\times(\boldsymbol{a}_ke_k)=\boldsymbol{B}_{ij}\boldsymbol{a}_k\boldsymbol{e}_i(e_je_k)=\\ &\boldsymbol{B}_{ij}\boldsymbol{a}_ke_i(e_j\times e_k)=\varepsilon_{ijk}\boldsymbol{B}_{ij}\boldsymbol{a}_ke_ie_j\end{aligned} \tag{2-41}$$

叉积的阶数等于两个张量阶数的和减 1。

g. 转置。张量的转置是保持基张量不变，把张量某两个指标进行交换的运算，结果为同型张量，如二阶张量 $\boldsymbol{A}=\boldsymbol{A}_{ij}e_ie_j\triangleright\boldsymbol{A}_{ij}$ 的转置向量为

$$\boldsymbol{A}^{\mathrm{T}}=(\boldsymbol{A}_{ij}e_ie_j)^{\mathrm{T}}=\boldsymbol{A}^{\mathrm{T}}e_ie_j=\boldsymbol{A}_{ji}e_ie_j$$

$$\boldsymbol{A}_{ij}^{\mathrm{T}}=\boldsymbol{A}_{ji} \tag{2-42}$$

(3) 概率统计

① 概率分布。概率分布是描述随机变量可能取值以及这些取值发生概率的数学函数。简单来说，概率分布会给出某个事件发生的可能性是多少。

概率分布根据随机变量的类型可以分为离散概率分布和连续概率分布两种。

离散概率分布（Discrete Probability Distribution）：如果 X 是一个离散随机变量，其概率质量函数为

$$P(X=x)=p(x),\quad \sum_{x} p(x)=1 \tag{2-43}$$

常见离散分布有 Bernoulli 分布、Binomial 分布和 Poisson 分布。

连续概率分布（Continuous Probability Distribution）：如果 X 是一个连续随机变量，其概率密度函数为

$$f(x) \geqslant 0 \quad 且 \int_{-\infty}^{\infty} f(x)\mathrm{d}x=1 \tag{2-44}$$

对于区间［a，b］的概率：

$$P(a \leqslant X \leqslant b)=\int_{a}^{b} f(x)\mathrm{d}x \tag{2-45}$$

常见的连续分布有正态分布（高斯分布）、均匀分布和指数分布。

概率分布的特性如下。

a. 期望（Expectation）。

$$\mathbb{E}[X]=\sum_{x} x p(x) \quad （离散型） \tag{2-46}$$

$$\mathbb{E}[X]=\int_{-\infty}^{\infty} x f(x)\mathrm{d}x \quad （连续型） \tag{2-47}$$

b. 方差（Variance）。

$$\mathrm{Var}(X)=\mathbb{E}[X^{2}]-(\mathbb{E}[X])^{2} \tag{2-48}$$

c. 累积分布函数（Cumulative Distribution Function，CDF）。表示随机变量小于等于某个值的概率为

$$F(x)=P(X \leqslant x) \tag{2-49}$$

（a）离散型：

$$F(x)=\sum_{t \leqslant x} p(t) \tag{2-50}$$

（b）连续型：

$$F(x)=\int_{-\infty}^{x} f(t)\mathrm{d}t \tag{2-51}$$

联合概率分布和条件概率分布用于描述多个随机变量之间的关系。

联合概率分布（Joint Probability Distribution）：两个或多个随机变量的联合分布为

$$P(X=x, Y=y)$$

（a）离散型：

$$P(X, Y)=\sum_{x} \sum_{y} P(X=x, Y=y) \tag{2-52}$$

（b）连续型：

$$f(x,y)=\iint f(x,y)\mathrm{d}x\mathrm{d}y \tag{2-53}$$

条件概率分布（Conditional Probability Distribution）：在已知 $Y=y$ 的条件下，X 的分布为

$$P(X|Y)=\frac{P(X,Y)}{P(Y)} \tag{2-54}$$

② 概率统计方法。概率统计是数学的一个分支，主要研究随机现象的规律性以及数据的收集、分析和解释。常见的概率统计方法如下。

a. 贝叶斯定理。

$$P(\theta|D)=\frac{P(D|\theta)P(\theta)}{P(D)} \tag{2-55}$$

贝叶斯定理是统计推断的核心，特别适用于深度学习中涉及不确定性建模的场景。它将先验分布 $P(\theta)$和似然函数 $P(D|\theta)$结合，更新成后验分布 $P(\theta|D)$。

$P(D)$为边际似然，也称为证据，是所有可能参数的加权平均：

$$P(D)=\int P(D|\theta)P(\theta)\mathrm{d}\theta \tag{2-56}$$

先验分布表示在看到数据之前对参数 θ 的信念，通常基于领域知识或历史数据。常见的先验分布包括高斯分布和 Beta 分布。似然函数表示在给定参数 θ 时，观察到数据 D 的概率。在深度学习中，似然函数通常与模型的损失函数直接相关。例如，在分类问题中，似然函数对应于交叉熵损失。后验分布是模型不确定性的核心，许多贝叶斯深度学习模型的目标就是求解这一分布。

b. 最大似然估计。最大似然估计是一种用于估计概率模型参数的统计方法，其核心思想是：在已知样本数据的情况下，找到一组参数，使得这些数据在该参数下出现的概率最大。如果将数据看作来自某个分布（如正态分布、泊松分布等），那么最大似然估计的目标就是找到使观测数据的联合概率（或概率密度）最大的参数值，最大参数值计算如下：

$$\theta_{\mathrm{MLE}}=\underset{\theta}{\arg\max}\prod_{i=1}^{N}P(x_i \mid \theta) \tag{2-57}$$

假设有一个参数化的概率模型，其概率密度函数（PDF）或概率质量函数（PMF）为

$$f(x_i|\theta),i=1,2,\cdots,n \tag{2-58}$$

式中，x_i 为第 i 个观测样本；θ 为待估计的模型参数（可以是一个标量，也可以是一个向量）。

由于数据是独立同分布的，联合概率可以写成各个数据点的乘积：

$$L(\theta)=\prod_{i=1}^{n} f(x_i \mid \theta) \tag{2-59}$$

式中，$L(\theta)$为联合似然函数；$f(x_i|\theta)$为在参数θ下，第i个样本的概率或概率密度。

为了简化计算，通常取对数，将乘积转换为求和：

$$\ell(\theta)=\ln L(\theta)=\sum_{i=1}^{n} \ln f(x_i \mid \theta) \tag{2-60}$$

式中，$\ell(\theta)$为对数似然函数。

最大似然估计的目标是找到最大化似然函数$\mathcal{L}(\theta)$的参数θ，即

$$\hat{\theta}=\underset{\theta}{\operatorname{argmax}} L(\theta) \tag{2-61}$$

或等价地：

$$\hat{\theta}=\underset{\theta}{\operatorname{argmax}} \ell(\theta) \tag{2-62}$$

c. 最大后验估计。

$$\theta_{\mathrm{MAP}}=\underset{\theta}{\operatorname{argmax}} P(D|\theta) P(\theta) \tag{2-63}$$

最大后验估计是最大似然估计的贝叶斯扩展版本，它在似然的基础上引入了先验信息，以平衡数据与背景知识。二者最大的区别在于，最大似然估计仅考虑似然，而最大后验估计则结合了先验。

d. 变分推断。在贝叶斯推断中，通常希望计算后验分布，根据贝叶斯公式：

$$p(z|x)=\frac{p(x,z)}{p(x)} \tag{2-64}$$

式中，$p(x,z)$是联合分布，通常可以分解为$p(x|z)p(z)$；$p(x)$是边际似然或证据：

$$p(x)=\int p(x,z)\mathrm{d}z \tag{2-65}$$

由于积分$\int p(x,z)\mathrm{d}z$计算复杂，尤其在高维空间中，这个积分通常是无法解析的。因此，直接计算后验分布$p(z|x)$变得困难。

变分推断通过将推断问题转化为优化问题来解决这一难题。其基本思想是：引入一个近似后验分布$q(z)$来逼近真实的后验分布$p(z|x)$。目标是找到一个最佳的$q(z)$使其与$p(z|x)$尽量接近。

为了度量$q(z)$和$p(z|x)$之间的距离，使用 Kullback-Leibler（KL）散度：

$$\mathrm{KL}[q(z)\parallel p(z\mid x)]=\int q(z)\ln\frac{q(z)}{p(z\mid x)}\mathrm{d}z \tag{2-66}$$

由于直接计算 $p(z|x)$ 很难，可以通过最大化变分下界（Evidence Lower Bound，ELBO）来间接最小化 KL 散度。

（a）对数边际似然分解。目标是最大化边际似然 $\ln p(x)$：

$$\ln p(x)=\int q(z)\ln\frac{p(x,z)}{q(z)}\mathrm{d}z+\mathrm{KL}[q(z)\parallel p(z\mid x)] \tag{2-67}$$

由于 KL 散度总是非负：

$$\ln p(x)\geqslant\int q(z)\ln\frac{p(x,z)}{q(z)}\mathrm{d}z \tag{2-68}$$

右边的量就是变分下界（ELBO）：

$$\mathcal{L}(q)=\int q(z)\ln\frac{p(x,z)}{q(z)}\mathrm{d}z \tag{2-69}$$

（b）ELBO 分解。将 ELBO 进一步分解：

$$\mathcal{L}(q)=\mathbb{E}_{q(z)}[\ln p(x,z)]-\mathbb{E}_{q(z)}[\ln q(z)] \tag{2-70}$$

式中，$\mathbb{E}_{q(z)}[\ln p(x,z)]$ 为对联合分布 $p(x,z)$ 的期望；$\mathbb{E}_{q(z)}[\ln q(z)]$ 为 $q(z)$ 的熵（Entropy）。

最大化 ELBO 等价于最小化 KL 散度：

$$q^{*}(z)=\underset{q}{\mathrm{argmax}}\mathcal{L}(q) \tag{2-71}$$

通过选择合适的变分分布族 $q(z)$，可以将求解后验分布的问题转化为一个最优化问题。

常用的变分分布族有均值-协方差族和变分自编码器（VAE）。在 VAE 中，常用的变分分布是潜在变量服从的高斯分布：

$$q(z|x)=\mathcal{N}\{z|\mu(x),\mathrm{diag}[\sigma^{2}(x)]\} \tag{2-72}$$

e. 马尔可夫链蒙特卡罗（Markov Chain Monte Carlo，MCMC）。MCMC 是一类通过构造一个马尔可夫链，从目标分布中抽取样本的方法。这种方法特别适用于无法直接采样的复杂概率分布，例如高维空间下的后验分布。马尔可夫链（Markov Chain）是一个随机过程，状态的转移仅依赖于当前状态，与过去的状态无关，即满足马尔可夫性。蒙特卡罗（Monte Carlo）是一种通过随机抽样来近似求解积分和概率的计算方法。

从一个目标分布 $\pi(x)$ 生成样本，从而估计该分布下的期望

$$\mathbb{E}[f(x)]=\int f(x)\pi(x)\mathrm{d}x \tag{2-73}$$

如果一个分布 $\pi(x)$ 满足

$$\pi(x')=\int\pi(x)P(x,x')\mathrm{d}x \tag{2-74}$$

式中，$P(x,x')$为从状态 x 转移到状态 x' 的转移概率核，则称 $\pi(x)$为该马尔可夫链的平稳分布。

马尔可夫链的遍历性保证了通过足够长的时间步长，链能够覆盖整个状态空间。

MCMC 的关键算法为 Metropolis-Hastings 算法，目标是构造一个马尔可夫链，使其以目标分布 $\pi(x)$作为平稳分布。算法步骤如下。

(a) 初始化：选择一个起始点 x_0，并设置 $t=0$。

(b) 采样候选点：从 proposal 分布 $q(x'|x_t)$生成候选样本 x'。

(c) 计算接受概率：

$$\alpha(x',x_t)=\min\left[1,\frac{\tilde{\pi}(x')q(x_t|x')}{\tilde{\pi}(x_t)q(x'|x_t)}\right] \tag{2-75}$$

式中，$\alpha(x',x_t)$为接受新状态 x'的概率；$q(x'|x_t)$为 proposal 分布，即在当前位置 x_t 生成x'的概率；$q(x_t|x')$为从 x'退回 x_t 的概率。

(d) 接受或拒绝新样本：生成一个均匀随机数 $u\sim\text{Uniform}(0,1)$，若 $u\leqslant\alpha(x',x_t)$，接受 x'即 $x_{t+1}=x'$；否则，拒绝 x'，保持原位置 $x_{t+1}=x_t$。

e. 迭代：重复步骤 b～d 直到达到所需的样本数量。

③ 贝叶斯理论。贝叶斯理论（Bayesian Theory）是基于贝叶斯定理（Bayes Theorem）的概率推断方法，在统计学、机器学习、数据分析和人工智能等领域中具有广泛的应用。贝叶斯理论通过将先验知识和数据证据相结合，推断未知参数或事件的概率。贝叶斯理论的核心思想是利用新的数据更新原有的先验知识（prior knowledge），从而得到修正后的后验概率（posterior probability）。通过这种更新机制，贝叶斯方法在面对不确定性时表现出色。

a. 离散情况。若 θ 取有限个离散值 $\theta_1,\theta_2,\cdots,\theta_n$，则贝叶斯定理为

$$P(\theta_i\mid D)=\frac{P(D\mid\theta_i)P(\theta_i)}{\sum_{j=1}^{n}P(D\mid\theta_j)P(\theta_j)} \tag{2-76}$$

b. 连续情况。若 θ 是连续随机变量，则贝叶斯定理为

$$P(\theta\mid D)=\frac{P(D\mid\theta)P(\theta)}{\int P(D\mid\theta)P(\theta)\mathrm{d}\theta} \tag{2-77}$$

硬币投掷问题是贝叶斯估计的经典示例，使用 Beta 分布作为先验：

$$P(\theta)=\text{Beta}(\alpha,\beta)=\frac{\theta^{\alpha-1}(1-\theta)^{\beta-1}}{B(\alpha,\beta)} \tag{2-78}$$

似然函数：给定 n 次抛硬币，观察到 k 次正面：

$$P(D|\theta)=\theta^k(1-\theta)^{n-k} \tag{2-79}$$

后验分布：

$$P(\theta|D)\propto\theta^k(1-\theta)^{n-k}\theta^{\alpha-1}(1-\theta)^{\beta-1}$$
$$P(\theta|D)\propto\theta^{k+\alpha-1}(1-\theta)^{n-k+\beta-1} \tag{2-80}$$

后验分布仍然是 Beta 分布：

$$P(\theta|D)=\text{Beta}(k+\alpha,n-k+\beta) \tag{2-81}$$

贝叶斯理论通过结合先验信息与观测数据，动态更新对未知参数的认识。其核心是贝叶斯定理，通过计算后验分布实现参数的推断。

(4) 优化方法

深度学习中的优化方法用于训练神经网络，目的是通过最小化损失函数来更新网络的权重。优化算法在确保模型以最快和最有效的方式学习到数据中的模式和规律方面起着至关重要的作用。

① 梯度下降。梯度下降（Gradient Descent，GD）是最基本的优化方法，它通过计算损失函数对模型参数的梯度（偏导数）并根据梯度的方向来更新参数。

参数更新公式：参数 θ 会沿着损失函数梯度的反方向更新。

$$\theta:=\theta-\eta\nabla_\theta L(\theta) \tag{2-82}$$

损失函数（Loss Function）为 $L(\theta)$，用于评估模型的性能学习率（Learning Rate）η，控制每次参数更新的步长。

梯度下降可分为：批量梯度下降（Batch Gradient Descent，BGD）、随机梯度下降（Stochastic Gradient Descent，SGD）和小批量梯度下降（Mini-Batch Gradient Descent，MBGD）。

随机梯度下降（SGD）是一种优化算法，用于训练深度学习模型及其他机器学习模型。与标准的批量梯度下降（BGD）不同，SGD 每次只使用一个样本来计算梯度并更新模型参数。

这种方法显著提高了计算效率，并且能够更快地接近最优解。尽管每次更新不如批量梯度下降精确，但其随机性可以帮助算法跳出局部最小值，尤其适用于大规模数据集。

SGD 的目标与传统梯度下降法相同，都是最小化一个损失函数，通过迭代更新模型的参数 θ。但是，SGD 不会每次都使用所有的数据来计算梯度，而是每次使用一个样本 x_i 来近似计算梯度。

SGD 的步骤如下：

a. 随机选择一个样本(x_i, y_i)。

b. 计算损失函数的梯度$\nabla_\theta L(\theta_t; x_i, y_i)$。

c. 根据梯度更新参数 θ。

更新公式为

$$\theta_{t+1} = \theta_t - \eta \nabla_\theta L(\theta_t; x_i, y_i) \tag{2-83}$$

式中，θ_t 为在第 t 次迭代时的参数值；η 为学习率，控制参数更新的步长；$\nabla_\theta L(\theta_t; x_i, y_i)$为样本$(x_i, y_i)$对应的损失函数的梯度。

由于 SGD 每次只使用一个样本来计算梯度，梯度计算通常较为快速，但每次迭代的更新方向会有一定的波动，可能导致更新路径不如批量梯度下降那样平滑。

在深度学习中，SGD 是最常用的优化方法之一，尤其是在处理大规模数据集时。例如，当数据集非常庞大（如数百万个样本）时，批量梯度下降可能因为计算开销过大而无法使用。此时，SGD 通过每次使用一个样本进行梯度计算，可以大大减少计算时间。

然而，由于每次更新都带有较大噪声，通常会结合小批量梯度下降（Mini-Batch Gradient Descent）来加速收敛并减少噪声。

② 动量法（Momentum）。动量法通过对梯度的历史值引入加权平均来更新参数，从而加速收敛并减小振荡。

动量更新公式为

$$v_t = \beta v_{t-1} + (1-\beta)\nabla_\theta L(\theta) \tag{2-84}$$

$$\theta := \theta - \eta v_t \tag{2-85}$$

式中，v_t 为速度（或动量）；β 为动量因子（一般取值为 0.9）。动量法的作用是利用之前的梯度信息加速收敛，尤其是在平坦的区域

③ 涅斯捷罗夫加速梯度（Nesterov Accelerated Gradient，NAG）。NAG 是一种基于动量法的优化方法，它通过对参数进行预估计，提前调整梯度方向，从而加速收敛。

a. 预估梯度：

$$\theta_{t+1} = \theta_t - \eta v_t \tag{2-86}$$

b. 计算新的梯度：

$$v_{t+1} = \beta v_t + \nabla_\theta L(\theta_{t+1}) \tag{2-87}$$

c. 更新参数：

$$\theta_{t+1} = \theta_{t+1} - \eta v_{t+1} \tag{2-88}$$

NAG 提高了收敛速度，并且比普通的动量法更稳定。

④ 自适应优化算法。自适应优化算法是深度学习中一种广泛使用的优化方法，它的核心思想是根据参数的不同特性动态调整每个参数的学习率。该算法在传统梯度下降法的基础上进行改进，旨在解决传统梯度下降法中固定学习率可能导致的训练过慢或不收敛的问题。

在训练神经网络时，优化算法的选择至关重要，尤其是面对不同类型的任务和数据集时。自适应优化算法通过调整学习率，不仅加速了收敛过程，还能有效避免因学习率选择不当导致的振荡或停滞。

下面详细介绍几种常见的自适应优化算法。

a. AdaGrad（Adaptive Gradient Algorithm）。AdaGrad 是一种自适应优化算法，它能够根据每个参数的梯度历史信息来调整学习率，频繁更新的参数会有较小的学习率，而稀疏参数的学习率则较大。AdaGrad 适合于处理稀疏数据（例如文本数据或推荐系统中的稀疏矩阵）。

AdaGrad 通过累积每个参数的梯度平方来调整学习率：

$$G_t = G_{t-1} + \nabla_\theta L(\theta_t)^2 \tag{2-89}$$

式中，G_t 为梯度平方的累积和；$\nabla_\theta L(\theta_t)$为参数 θ_t 对应的梯度，表示当前时刻的梯度，根据累积的梯度平方计算自适应的学习率，并更新参数：

$$\theta_{t+1} = \theta_t - \frac{\eta}{\sqrt{G_t + \epsilon}} \nabla_\theta L(\theta_t) \tag{2-90}$$

式中，η 为全局学习率，控制整体的学习速率；ϵ 为一个小的常数，用于防止除零错误（通常是 10^{-8}）；G_t 为当前时刻的累积梯度平方和，随着时间的推移而增加。

对于稀疏数据（如文本、自然语言处理任务），AdaGrad 可以很好地自动调整学习率，避免某些参数更新过大。但由于累计梯度平方，AdaGrad 的学习率会随着训练过程不断下降，可能导致早期停止更新。

b. RMSprop（Root Mean Square Propagation）。RMSprop 是对 AdaGrad 的改进，它使用了指数衰减的方式计算梯度的平方和，从而避免了 AdaGrad 中学习率下降过快的问题。RMSprop 对于非平稳目标（例如训练循环神经网络）特别有效。

RMSprop 通过对梯度平方的历史值进行指数加权平均来调整每个参数的学习率：

$$E[g^2]_t = \beta E[g^2]_{t-1} + (1-\beta) \nabla_\theta L(\theta_t)^2 \tag{2-91}$$

$$[g^2]_{t-1} + (1-\beta) \nabla_\theta L(\theta_t)^2 \tag{2-92}$$

式中，$E[g^2]_t$ 为梯度平方的加权平均；β 为衰减率（通常取 0.9）。

使用更新后的学习率来调整参数：

$$\theta_{t+1}=\theta_t-\frac{\eta}{\sqrt{E[g^2]_t+\epsilon}}\nabla_\theta L(\theta_t) \tag{2-93}$$

式中，η 为学习率；$E[g^2]_t$ 为当前时刻的梯度平方的加权平均；ϵ 为防止除零错误的小常数。

RMSprop 解决了 AdaGrad 中学习率逐步衰减的问题，能更稳定地处理非平稳目标。但超参数和学习率的选择仍然需要调试。

c. Adam（Adaptive Moment Estimation）。Adam 是一种非常流行且高效的自适应优化算法，它结合了动量法和 RMSprop 的思想。Adam 根据梯度的一阶矩（平均）和二阶矩（方差）来调整学习率，并通过偏差修正来提高算法的准确性。

一阶矩是梯度的加权平均（动量），用于加速梯度下降方向的更新：

$$m_t=\beta_1 m_{t-1}+(1-\beta_1)\nabla_\theta L(\theta_t) \tag{2-94}$$

式中，m_t 为一阶矩的估计，表示梯度的加权平均；β_1 为动量衰减率（通常取 0.9）。

二阶矩是梯度平方的加权平均，用于调整每个参数的学习率：

$$v_t=\beta_2 v_{t-1}+(1-\beta_2)\nabla_\theta L(\theta_t)^2 \tag{2-95}$$

式中，v_t 为二阶矩的估计，表示梯度平方的加权平均；β_2 为二阶矩衰减率（通常取 0.999）。

由于 m_t 和 v_t 在初期时会偏向于零，因此需要进行偏差修正：

$$\hat{m}_t=\frac{m_t}{1-\beta_1^t},\hat{v}_t=\frac{v_t}{1-\beta_2^t} \tag{2-96}$$

根据修正后的一阶和二阶矩来更新参数：

$$\theta_{t+1}=\theta_t-\frac{\eta}{\sqrt{\hat{v}_t}+\epsilon}\hat{m}_t \tag{2-97}$$

Adam 结合了动量和自适应学习率，适用于大部分任务。默认的超参数设置通常能在大多数问题上得到良好的效果，但对学习率的依赖较大，在某些任务上可能需要微调超参数。

自适应优化算法在深度学习中起着至关重要的作用，它们可以动态调整每个参数的学习率，从而加速收敛并提高模型性能。

2.1.2 最基本的神经网络架构

神经网络的基础架构源于对生物神经元信息传递机制的抽象与简化，

其核心在于通过可调节的权重连接来模拟神经元间的信号传递与整合过程。单层感知器作为最早的神经网络模型，通过输入层与输出层的直接映射实现线性分类：输入特征向量经过加权求和后，由阈值函数（如阶跃函数）产生二值输出，其权重调整依赖于误差信号的直接反馈，这一机制在解决线性可分问题时表现出高效性，但面对非线性分布数据（如异或逻辑）时彻底失效，揭示了单一线性层的固有局限。为突破这一限制，多层前馈神经网络通过引入隐藏层和激活函数构建层级化特征变换，每一层的输出作为下一层的输入，形成从原始数据到抽象特征的多级非线性映射。例如，双隐藏层结构可通过组合多个非线性决策边界逼近复杂函数，而反向传播算法利用链式求导法则将输出层误差逐层逆向分配至各参数，实现梯度下降优化。这种全连接架构虽因参数量庞大易陷入过拟合，但其“分层次特征学习”的思想成为卷积网络的空间局部连接、循环网络的时序记忆等衍生模型的设计基石，体现了神经网络从线性到非线性、从浅层到深层演化的核心逻辑。

(1) 感知器

感知器是人工神经网络发展史上的里程碑式模型。作为最早的机器学习算法之一，其设计灵感来源于生物神经元的信息处理机制：通过接收多个输入信号，经过加权整合后产生输出响应。感知器的核心目标是对线性可分的数据进行二分类，其结构虽简单却奠定了后续神经网络的核心思想。从组成上看，感知器包含三个关键部分：输入层、权重计算单元和激活函数，如图2.3所示。输入层直接接收特征向量 $\boldsymbol{X}=[x_1,x_2,\cdots,x_n]$，每个特征 x_i 对应一个可调节的权重参数 w_i，这些权重在训练过程中被动态调整以反映不同特征对分类结果的影响程度。偏置项 b 作为模型的附加参数，形式上可视为一个固定输入值为1的虚拟节点的权重，其作用在于平移决策边界的位置，使模型能够适应数据分布的整体偏移。计算过程中，输入信号首先通过线性组合生成加权和 $z=\sum_{i=1}^{n} w_i x_i+b$ ，这一步骤模拟了生物神经元对突触输入信号的整合过程；随后，加权和 z 被送入激活函数进行非线性映射。在经典感知器中，激活函数采用阶跃函数（Step Function），其数学表达式为：

$$y=\begin{cases}1, z\geqslant 0\\0, z<0\end{cases} \tag{2-98}$$

这种硬阈值机制将连续输入转化为离散的类别标签（如0或1），直接对应样本的分类结果。

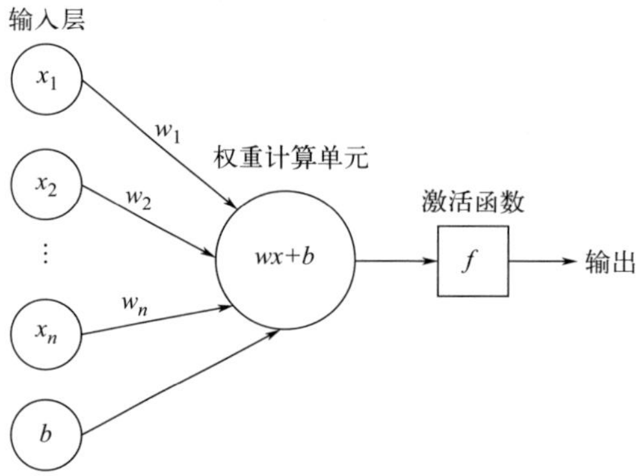

图 2.3　感知器的典型结构

感知器的学习过程本质上是权重的迭代优化。训练开始时，权重和偏置通常被初始化为随机值或零值。对于每个训练样本，模型首先计算预测输出 y_{pred}，随后与真实标签 y_{true} 进行比较。若预测错误，则根据误差方向调整权重：$\Delta w_i = \alpha(y_{\text{true}} - y_{\text{pred}})x_i$。其中，学习率 α 控制参数更新的幅度。这种更新规则具有明确的几何解释——错误分类的样本会驱动决策超平面向自身方向移动，直到所有样本被正确分类或达到迭代次数上限。例如，在二维空间中，权重调整相当于旋转或平移分类直线，使其逐步逼近最优分割边界。然而，这种简单直接的调整机制仅适用于线性可分的数据集，如逻辑“与”（AND）或“或”（OR）问题，对于非线性问题，如“异或”（XOR），则完全失效，这一局限性已被系统论证，直接导致神经网络研究进入第一次低谷。

从结构深层分析，感知器的根本限制源于其单层架构的线性本质。虽然加权求和过程能够构造线性决策边界，但缺乏隐藏层的设计使其无法通过非线性变换组合特征。例如，异或问题的输入空间需要两条直线的组合才能实现有效分割，而单层感知器仅能生成单一超平面。这一缺陷促使研究者探索多层网络结构，通过在输入层和输出层之间引入隐藏层，并采用可微激活函数（如 Sigmoid 函数），使得模型能够通过复合非线性函数逼近复杂决策边界。尽管如此，感知器的历史意义不可忽视：它首次将“自适应权重”和“误差驱动学习”的概念形式化，为反向传播算法提供了思想原型。此外，感知器的训练过程可视为随机梯度下降（SGD）的雏形，其在线学习特性（逐样本更新）与现代深度学习的批处理训练形成鲜明对比。从工程实现角度看，早期感知器甚至被硬件化，如机器通过光电管和电位器实现物理层面的权重调整，展现了模拟计算时代的独特创造力。

感知器的影响远超其实际应用范畴。它不仅启发了后续神经网络的结构设计，还在支持向量机（SVM）等线性分类器中留下思想遗产——两者均通过寻找最大间隔超平面实现分类，但感知器更关注于错误驱动的渐进修正，而SVM则基于全局优化的几何间隔最大化。在现代深度学习框架中，感知器可视为没有隐藏层的极端简例，但其核心组件（权重、偏置、激活函数）仍构成神经网络的基础单元。近年来，随着线性模型的复兴，感知器的思想在简单场景（如高维稀疏数据分类）中重新获得关注，尤其在需要极低计算开销的嵌入式系统中展现出独特优势。因此，尽管感知器无法解决复杂模式识别问题，其作为神经网络起源模型的理论价值与教育意义仍不可替代。

(2) 前馈全连接神经网络

前馈全连接神经网络（Feedforward Fully Connected Network）在感知器单层结构的基础上，通过引入隐藏层实现了从线性建模到非线性建模的能力跃迁，如图2.4所示。其核心设计思想是将输入数据逐层抽象化：输入层接收原始特征向量，并通过全连接方式将每个节点与隐藏层的所有节点相连，形成密集的权重矩阵 $\boldsymbol{W}^{(1)}$。隐藏层节点的计算包含两个关键步骤：首先对输入数据进行线性变换：

$$\boldsymbol{Z}^{(1)}=\boldsymbol{W}^{(1)}\boldsymbol{x}+\boldsymbol{b}^{(1)} \tag{2-99}$$

式中，$\boldsymbol{b}^{(1)}$ 为偏置向量，用于调整各节点的激活阈值。

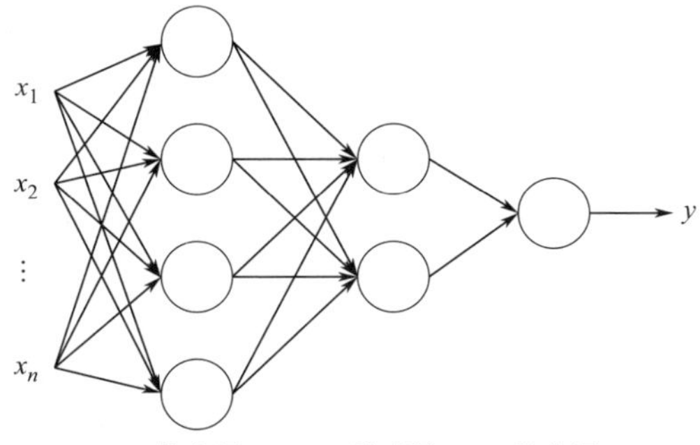

图2.4　前馈全连接神经网络的典型结构

随后对线性结果施加非线性激活函数，例如，Sigmoid函数可将输出压缩至（0，1）区间，ReLU函数可在保留正信号的同时缓解梯度消失问题。这种非线性变换使得隐藏层能够捕捉输入特征间的复杂交互关系，例如在图像识别中，初级隐藏层可能学习边缘检测器，而深层隐藏层则可将这些边缘组合形成更复杂的纹理或部件模式。

随着网络深度的增加，每一层都在前一层特征表示的基础上进行更高阶的抽象。假设网络包含 l 个隐藏层，则第 l 层的输出可递归定义为

$$\boldsymbol{a}^{(l)}=f^{(l)}[\boldsymbol{W}^{(l)}\boldsymbol{a}^{(l-1)}+\boldsymbol{b}^{(l)}] \tag{2-100}$$

式中，$a^{(0)}=x$ 为原始输入。

输出层根据任务需求选择激活函数：对于二分类问题，Sigmoid 函数可将输出解释为类别概率；多分类任务则采用 Softmax 函数将输出向量归一化为概率分布；回归问题通常使用线性激活函数（恒等函数）直接输出连续值。这种层级结构使得网络能够通过复合非线性函数逼近任意复杂度的连续函数，此特性由通用近似定理（Universal Approximation Theorem）严格证明——仅需单个足够宽的隐藏层即可以任意精度逼近紧致集上的连续函数，而更深层的网络则能以指数级减少的节点数实现相同的表达能力。

前向传播机制描述了数据从输入层到输出层的单向流动过程。以三层网络（输入层、隐藏层、输出层）为例，其计算流程可形式化为：输入向量 $\boldsymbol{x}$ 首先与第一层权重矩阵 $\boldsymbol{W}^{(1)}$ 相乘，加上偏置 $\boldsymbol{b}^{(1)}$ 后得到隐藏层预激活值 $\boldsymbol{z}^{(1)}$，经激活函数 $f^{(1)}$ 生成隐藏层输出 $\boldsymbol{a}^{(1)}$；该输出作为第二层的输入，与权重矩阵 $\boldsymbol{W}^{(2)}$ 和偏置 $\boldsymbol{b}^{(2)}$ 进行类似计算，最终通过输出层激活函数 $f^{(2)}$ 得到预测结果 $\overline{y}$。此过程在数学上表现为一系列函数的复合：

$$\overline{\boldsymbol{y}}=f^{(2)}\{\boldsymbol{W}^{(2)}[f^{(1)}(\boldsymbol{W}^{(1)}\boldsymbol{x}+\boldsymbol{b}^{(1)})]+\boldsymbol{b}^{(2)}\} \tag{2-101}$$

其计算效率依赖于矩阵乘法的并行化实现。然而，全连接结构的参数量随网络深度和宽度急剧增长——若输入维度为 d，隐藏层含 h 个节点，输出层为 c，则参数总数为

$$(d\times h)+h+(h\times c)+c \tag{2-102}$$

这种密集连接虽保证了模型的表达能力，却也导致计算成本高昂、内存占用率大，且容易在小数据集上过拟合，需依赖 Dropout、权重正则化等技术来抑制冗余参数的影响。

全连接网络的设计还面临梯度动力学方面的挑战。在深层网络中，梯度通过链式法则反向传播时可能因激活函数的饱和性（如 Sigmoid 函数在极端区域的导数趋近零）出现消失或爆炸现象，致使底层参数难以有效更新。ReLU 及其变体（如 Leaky ReLU、Parametric ReLU）通过允许正区间的线性传播部分缓解了此问题，而批量归一化（Batch Normalization）等技术通过标准化层输入分布进一步稳定了训练过程。尽管如此，全连接网络对输入数据的空间结构（如图像的局部相关性）缺乏显式建模，这一缺陷催生了卷积神经网络等专用架构的发展。然而，其“分层次特征转换”的核心范式

仍深刻影响着现代深度学习模型的设计，例如，Transformer 中的前馈子层便可视为全连接网络在序列数据上的扩展应用，证明了这一基础架构的持久生命力。

2.1.3 核心算法

神经网络的核心算法体系围绕参数优化展开，其本质是通过数学方法将数据中的模式编码到数百万甚至数十亿个权重中。反向传播与损失函数作为这一体系的双轮，驱动着模型从随机初始化状态逐步逼近理想函数映射。反向传播解决了“如何高效计算梯度”的问题，而损失函数定义了“优化的目标方向”，两者共同构建了一个动态反馈系统，使得多层非线性网络能够通过数据迭代自我修正。

神经网络的参数优化本质是在高维非凸空间中寻找能够最小化预期风险的权重配置，这一过程面临维度灾难、局部极小值泛滥、梯度动态不稳定等核心挑战。模型的数百万至数十亿个参数构成一个极度复杂的超曲面，其优化轨迹不仅需克服传统优化问题中的曲率变化与鞍点停滞，还需应对数据分布的动态漂移与噪声干扰。优化算法的设计需在多目标间权衡：快速收敛性要求参数更新方向精准捕捉损失曲面的下降路径，而泛化能力则依赖于优化过程避开尖锐极小点，趋向平坦区域。其中，后者被认为具备更好的抗扰动性。随机梯度下降（SGD）及其变种通过引入动量（Momentum）模拟物理系统的惯性效应，在参数更新中累积历史梯度方向，从而抑制高频振荡，加速穿越平坦区域。自适应学习率算法（如 Adam、RMSProp）则针对各参数独立调整步长，对稀疏特征对应的权重施加更大更新，缓解因特征尺度差异导致的优化失衡。

参数初始化策略深刻影响优化轨迹的起点特性。早期采用的小随机数初始化如均匀分布 U（-0.1，0.1）易导致深层网络激活值逐层塌缩或膨胀，引发梯度消失或爆炸。常规的初始化根据输入输出维度调整权重方差，确保各层激活值的方差恒定，例如，对 ReLU 激活函数采用方差为 $2/n$ 的高斯分布，可有效维持信号在前向传播中的能量。更复杂的初始化方法（如 Orthogonal Initialization）通过约束权重矩阵的正交性，避免层间变换引发的特征相关性丢失，尤其适用于循环神经网络。预训练初始化（如 BERT、GPT 的迁移学习）则将大规模无监督学习获得的参数作为起点，使模型具备先验语义知识，显著加速下游任务收敛。

正则化技术通过约束参数空间复杂度间接引导优化方向。L2 权重衰减在损失函数中添加参数范数惩罚项，推动权重向原点收缩，等效于在梯度更新中引入衰减项，防止过拟合。Dropout 以前向传播中随机丢弃神经元的方式强制网络构建冗余表示，其训练阶段的随机性与测试阶段的期望输出补偿（如权重缩放）形成一种隐式的集成学习效果。批量归一化（Batch Normalization）通过标准化层输入分布，将激活值约束至零均值、单位方差，减少内部协变量偏移，允许使用更高的学习率且减弱对初始化的敏感性。更激进的正则化手段，如权重剪枝（Pruning）与量化（Quantization）通过移除冗余参数或将浮点权重转为低位定点数，在优化后期压缩模型规模，适应边缘设备部署需求。

批量训练策略在优化效率与泛化间建立微妙平衡。全批量梯度下降虽能准确估计全局梯度方向，但计算成本高昂且易陷入局部极小；随机单样本更新计算高效但梯度方差大，导致收敛振荡。小批量（Mini-batch）折中方案通过并行计算硬件（GPU/TPU）加速矩阵运算，同时利用批量统计量近似数据分布，其批量大小成为超参数调优的关键：较大批量降低梯度噪声，利于收敛稳定性，但可能损害泛化性能；较小批量增强随机性，有助于逃离尖锐极小。最新研究指出，批量大小与学习率需协同调整，例如线性缩放规则建议批量扩大 k 倍时学习率同步增大 k 倍，以保持梯度更新的方差恒定。

学习率调度策略动态调制优化过程的探索-开发权衡。阶梯式下降在预设周期内缩减学习率，模拟优化后期精细调参的需求；余弦退火将学习率按余弦曲线从初始值衰减至零，兼顾快速下降与末期稳定；热重启（SGDR）周期性重置学习率至高位，促使模型跳出局部极小，探索更优区域。预热策略（Warm-up）在训练初期逐步提升学习率，避免因初始梯度估计不准确导致的参数突变，尤其适用于 Transformer 等深层模型。自适应方法如 LARS（Layer-wise Adaptive Rate Scaling）为每层独立计算学习率，以解决大规模分布式训练中不同层梯度量级差异过大的问题。

分布式优化技术突破单机算力限制，将参数更新任务分摊至多节点。数据并行将批量数据分片至不同设备，各设备计算局部梯度后通过 All-Reduce 操作同步更新，其通信效率取决于梯度聚合算法（如 Ring All-Reduce）的优化程度。模型并行将网络层拆分至不同设备，适用于显存需求超过单卡容量的巨型模型（如 GPT-3），但需精心设计流水线调度以掩盖设备间通信延迟。混合并行结合数据与模型分割，在超大规模训练中实现计算-通信负载均衡。异步更新策略允许各节点独立计算梯度并更新中心参数服务器，虽提升吞吐量但引入梯度过期问题，需通过延迟补偿算法缓解收敛偏差。

参数优化的理论分析试图揭示深度学习的“黑箱”特性。通过研究损失曲面的几何结构，学者发现宽神经网络倾向于收敛至近凸区域，且局部极小在置换对称性下等价。过度参数化模型虽在训练集上实现零误差，但其隐式正则化效应（如梯度下降偏好低范数解）仍可保证泛化能力。近期研究指出，随机梯度下降的噪声特性在优化过程中起到隐式贝叶斯推断的作用，使参数分布逼近后验概率密度。这些理论进展为设计更高效的优化算法提供了原则性指导，例如，通过注入可控噪声逃离不良极小，或利用曲率信息调整更新步长。尽管深度学习的优化复杂性尚未被完全破解，但工程实践与理论洞察的持续互动，正推动神经网络在超大规模、多模态场景中不断突破性能边界。

(1) 反向传播

反向传播是神经网络训练的核心动态过程，其本质是利用微分链式法则计算损失函数对网络各层参数的梯度。这一算法的高效性源于其将复杂的高维参数空间优化问题分解为逐层的局部梯度计算，从而避免显式求解整个系统的偏导数。从计算图视角来看，神经网络的前向传播构建了从输入到输出的计算路径，而反向传播则沿此路径逆向传播误差信号。具体而言，对于具有 l 层的网络，设第 l 层的权重矩阵为 $\boldsymbol{W}^l$，偏置为 $\boldsymbol{b}^l$，激活函数为 f^l，前向传播过程如式（2-103）、式（2-104）所示。

$$\boldsymbol{z}^l=\boldsymbol{W}^l\boldsymbol{a}^{(l-1)}+\boldsymbol{b}^l \tag{2-103}$$

$$\boldsymbol{a}^l=f^l\boldsymbol{z}^l \tag{2-104}$$

式中，$\boldsymbol{a}^{(0)}=\boldsymbol{x}$ 为输入数据。当输出层产生预测结果 $\overline{y}=\boldsymbol{a}^l$ 后，损失函数 L 计算其与真实标签 y 的差异，反向传播的起点即为计算损失对输出层预激活值 $\boldsymbol{z}^{(l)}$ 的梯度 $\boldsymbol{\delta}^l=\dfrac{\partial L}{\partial \boldsymbol{z}^l}$，该梯度通过递归公式逐层逆向传播：

$$\boldsymbol{\delta}^l=[(\boldsymbol{W}^{(l+1)})^{\mathrm{T}}\boldsymbol{\delta}^{(l+1)}]\odot f'^{(l)}\boldsymbol{z}^l \tag{2-105}$$

式中，$\odot$ 为逐元素乘法；$f'^{(l)}$ 为激活函数的导数。最终，各层参数的梯度由 $\dfrac{\partial L}{\partial \boldsymbol{W}^l}=\partial^l[\boldsymbol{a}^{(l-1)}]^{\mathrm{T}}$ 和 $\dfrac{\partial L}{\partial b^l}=\partial^l$ 给出，为随机梯度下降（SGD）等优化算法提供更新方向。

反向传播的实际实现涉及计算图与自动微分技术。现代深度学习框架（如 TensorFlow、PyTorch）通过构建动态计算图记录前向传播的运算步骤，并在反向传播时依据拓扑逆序自动计算梯度。例如，对于包含矩阵乘法、非线性激活和逐元素运算的复合函数，框架会分别定义其前向计算规则与反向梯度传播规则。这种自动微分机制不仅提升了开发效率，还允许灵活定义自定义层与损失函数。然而，反向传播面临梯度消失与爆炸的固有挑战：在深层网络中，梯度经过多次链式乘法可能指数级衰减（如使用Sigmoid函数激活时）或膨胀（如权重矩阵奇异值过大），导致底层参数更新停滞或数值溢出。解决方案包括使用ReLU族激活函数缓解梯度消失、引入梯度裁剪（Gradient Clipping）控制爆炸，以及采用残差连接（ResNet）建立跨层恒等映射。此外，二阶优化算法（如自然梯度、Hessian-Free）试图利用曲率信息调整更新步长，但计算复杂度限制了其大规模应用。

从生物学角度看，反向传播虽缺乏明确的神经科学证据支持，但其分层次误差修正的思想与大脑皮层中反馈连接调节突触可塑性的现象存在形式相似性。认知科学中的预测编码理论（Predictive Coding）提出，大脑可能通过自上而下地预测误差信号调整底层神经活动，这与反向传播的误差反向传递机制具有概念上的对应。尽管存在争议，这种类比为理解人工神经网络的运作提供了启发式视角。工程实践中，反向传播的效率优化始终是研究热点——模型并行化训练、混合精度计算、梯度压缩通信等技术均在尝试突破计算与存储瓶颈，推动更大规模网络的训练。

(2) 激活函数

激活函数是神经网络中的重要元素，主要作用是为模型引入非线性特性，从而增强其表达能力，使其能够学习复杂的数据模式。常见的激活函数包括ReLU函数、Sigmoid函数和Tanh函数。ReLU函数通过将负值置为零而保留正值，帮助加速训练并减轻梯度消失问题，见式（2-106）。Sigmoid函数和Tanh函数则分别将输出压缩到0～1和－1～1的范围，适用于特定任务，但可能导致梯度消失，见式（2-107）和式（2-108）。

$$\mathrm{ReLU}(x)=\max(0,x) \tag{2-106}$$

$$\mathrm{Sigmoid}(x)=\frac{1}{1+\mathrm{e}^{-x}} \tag{2-107}$$

$$\mathrm{Tanh}(x)=\frac{\mathrm{e}^{x}-\mathrm{e}^{-x}}{\mathrm{e}^{x}+\mathrm{e}^{-x}} \tag{2-108}$$

ReLU函数由于其简单的计算方式，以及在正值区间的线性特性，能够加速深度神经网络的训练过程。此外，ReLU函数的稀疏激活特性有助于提高模型的计算效率。

Sigmoid函数常用于需要输出概率的任务，特别是在二分类问题中。Sigmoid函数的优点在于它的输出范围固定，这使得它非常适合用于建模概率。然而，当输入值较大或较小时，Sigmoid函数的梯度会变得非常小，这可能导致训练过程变慢，且在深层网络中，梯度消失问题可能使得训练变得更加困难。Tanh 函数相比 Sigmoid 函数具有更强的对称性，这使得它在训练时能够更好地维持输入的平衡。然而，Tanh 函数也面临与 Sigmoid 函数相同的问题，即梯度消失问题。当输入值较大或较小时，梯度会变得非常小，导致网络的学习变得缓慢。

这些激活函数的选择直接影响网络的学习能力和最终性能。ReLU 函数、Sigmoid 函数和 Tanh 函数的曲线如图 2.5 所示。

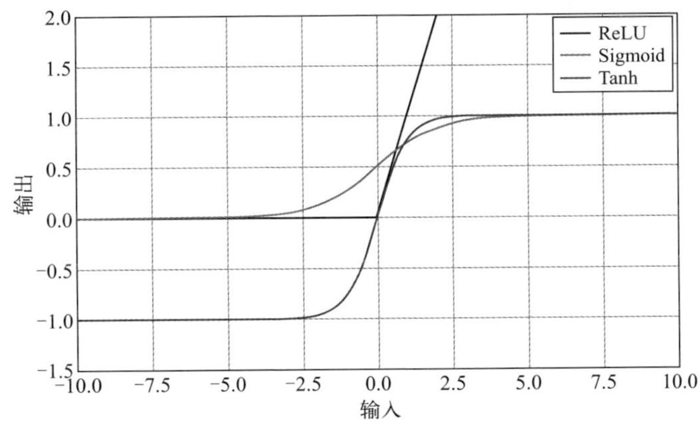

图 2.5　激活函数曲线

激活函数的设计需权衡非线性强度、梯度稳定性与计算效率。在 CNN 中，ReLU 及其变体（如 Leaky ReLU、ELU）因梯度保持能力和稀疏性成为卷积层的标准选择，而输出层则根据任务类型适配：分类任务使用 Softmax（多分类）或 Sigmoid（二分类），回归任务采用恒等函数。

此外，动态激活函数（如 DY-ReLU）通过学习输入相关的参数，赋予模型按样本自适应调整激活形状的能力，进一步提升了特征表达的灵活性。

Sigmoid 和 Tanh 的饱和区梯度消失问题在深层网络中尤为突出。除改用 ReLU 外，还可通过残差连接（ResNet）构建跨层恒等映射，使梯度能够绕过非线性层直接传递；批量归一化（BatchNorm）通过标准化输入分布，减少数据偏移对激活函数饱和区的影响；梯度裁剪则可限制梯度幅值，防止训练不稳定。这些技术的综合应用，使得现代 CNN 即使采用简单的激活函数，也能在数十甚至数百层网络中保持高效训练。

(3) 损失函数

损失函数作为模型性能的量化标尺，将机器学习任务转化为可优化的数学目标。其设计需满足任务适配性、计算可导性以及对异常值的鲁棒性。对于监督学习，损失函数衡量模型预测 $\overline{y}$ 与真实标签 y 的差异，非监督学习则通常基于数据重构误差或分布匹配设计损失。

回归任务中，均方误差（MSE）是最基础且广泛应用的损失函数，定义为

$$L_{\mathrm{MSE}}=\frac{1}{N}\sum_{i=1}^{N}(y_i-\overline{y}_i)^2 \tag{2-109}$$

其凸性保证全局最优解存在，且对大误差样本施加更强惩罚，但易受异常值干扰。为提升鲁棒性，Huber 损失引入阈值∂分段平滑过渡 MSE 与绝对误差（MAE）：

$$L_{\mathrm{Huber}}=\begin{cases}\frac{1}{2}(y-\overline{y})^2, & |y-\overline{y}|\leqslant\partial \\ \partial|y-\overline{y}|-\frac{1}{2}\partial^2, & |y-\overline{y}|>\partial\end{cases} \tag{2-110}$$

此类混合损失在远离最优点时会降低梯度幅值，避免参数更新振荡。

分类任务的损失函数需处理离散标签与连续预测概率的匹配问题。交叉熵损失（Cross-Entropy）通过比较预测概率分布 $\overline{y}$ 与真实分布 y 的 KL 散度，成为多分类任务的标准选择。对于单样本，其形式为

$$L_{\mathrm{CE}}=-\sum_{c=1}^{c}y_c\ln\overline{y}_c \tag{2-111}$$

式中，c 为类别数。当真实标签为独热编码（One-Hot）时，式（2-111）简化为

$$L_{\mathrm{CE}}=-\ln\overline{y} \tag{2-112}$$

此损失鼓励模型对正确类别赋予高置信度，且与 Softmax 激活函数配合时梯度形式简洁：

$$\frac{\partial L_{\mathrm{CE}}}{\partial z_i}=\overline{y}_i-y_i \tag{2-113}$$

避免了因激活函数饱和导致的梯度消失。在二分类任务中，二元交叉熵（BCE）损失为

$$L_{\mathrm{BCE}}=-y\ln\overline{y}-(1-y)\ln(1-\overline{y}) \tag{2-114}$$

常与 Sigmoid 激活搭配使用。

面对类别不平衡问题，标准交叉熵可能使模型偏向多数类。改进方案包括加权交叉熵（为少数类赋予更高损失权重）与 Focal Loss，后者通过调制因子$(1-\overline{y})^\gamma$ 降低易分样本的贡献，聚焦难例训练：

$$L_{\mathrm{Focal}}=-(1-\overline{y})^\gamma\ln\overline{y} \tag{2-115}$$

在目标检测等领域，Focal Loss 显著提升了对稀疏前景目标的检测精度。

结构化预测任务（如语义分割、序列标注等）需处理输出元素间的依赖关系，通常采用结构化损失函数。条件随机场（CRF）损失通过结合局部预测得分与相邻标签的兼容性，鼓励输出结构的整体一致性。对比学习（Contrastive Learning）中的 InfoNCE 损失则通过正负样本对比，最大化相似样本对的互信息：

$$L_{\text{InfoNCE}}=-\ln \frac{e^{s(x_q,x_+)/T}}{\sum_{i=1}^{k} e^{s(x_q,x_i)/T}} \tag{2-116}$$

式中，$s(\ )$为相似度函数；T 为温度系数，推动模型学习判别性表示。

损失函数的设计还需考虑优化特性。平滑的损失表面（如 MSE）有利于梯度下降收敛，而存在平台区的损失表面（如 MAE）可能导致优化停滞。近年来，元学习框架尝试通过可学习损失函数自动适应不同任务，但可解释性与稳定性仍是开放问题。实践中，损失函数常与正则化项（如 L2 权重衰减）结合，共同控制模型复杂度与泛化能力。

反向传播与损失函数共同构成神经网络训练的动力学系统。损失函数提供优化目标的空间形状，决定梯度场的方向与曲率；反向传播则作为信息传递通道，将目标空间的几何结构映射到参数空间的更新轨迹上。以交叉熵损失为例，其梯度 $\overline{y}-y$ 直接反映预测误差的符号与大小，使得参数更新量天然与错误程度成比例，这种性质在分类任务中能显著加速收敛。

在训练初期，损失函数的高曲率区域可能导致梯度幅值剧烈变化，此时自适应优化器（如 Adam）通过累积梯度动量与逐参数学习率调整，稳定更新过程。随着迭代深入，损失曲面逐渐平坦，优化器需在探索与利用间平衡，避免陷入局部极小或鞍点。二阶优化方法通过预条件矩阵（如 Hessian 的逆矩阵）修正更新方向，但高计算成本限制其应用于大规模网络。

损失函数与网络架构的协同设计亦至关重要。例如，在生成对抗网络（GAN）中，生成器与判别器的极小极大博弈通过交替优化对抗损失实现；在强化学习策略梯度中，损失函数被定义为期望回报的估计，依赖蒙特卡罗采样近似梯度。这些场景拓展了传统监督学习的损失-传播范式，体现了核心算法在不同学习范式中的通用性与灵活性。

在理论层面上，损失函数的凸性、利普希茨连续性等性质影响优化收敛性保证。尽管神经网络的非凸性使得全局最优解难以企及，实证研究表明，其损失曲面存在大量性质良好的局部极小，通过合理初始化与正则化技术，模型仍可收敛至实用解。近期研究进一步揭示，过参数化网络的梯度下降动态隐式偏向简单函数（如频域中的低频成分），这种现象被称为“良性过拟合”，为理解深度学习泛化能力提供了新视角。

2.2 卷积神经网络

CNN 是一种深度学习模型，专门用于处理具有网格结构的数据，如图像。通过卷积层，CNN 能够有效提取局部特征，并通过共享权重来减少模型的参数数量，从而提高计算效率。池化层则通过下采样操作增强特征的鲁棒性，并减轻计算负担。激活函数能够引入非线性，使得模型具备更强的表达能力。最终，通过全连接层将提取的特征进行整合并输出预测结果。CNN 在图像分类、目标检测和图像分割等任务中展现了卓越的性能，成为计算机视觉领域的核心技术之一。CNN 的结构通常包括输入层、卷积层、池化层、全连接层和输出层。此外，激活函数在 CNN 中同样至关重要，因为它们引入非线性，使网络能够学习复杂的模式和特征。通过对每层输出应用激活函数，网络能够更好地捕捉输入数据中的重要信息，同时改善收敛性并缓解梯度消失问题。CNN 的典型结构如图 2.6 所示。

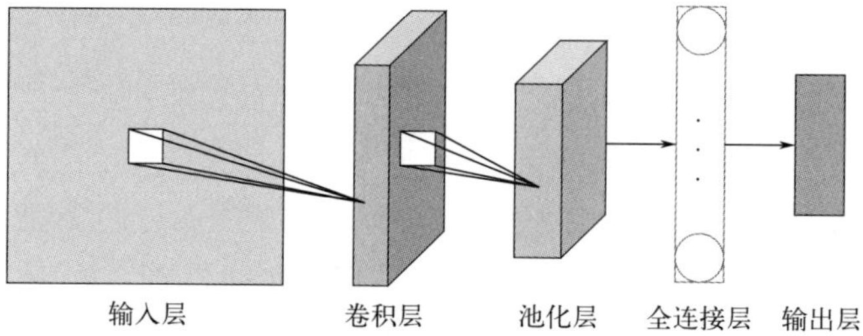

图 2.6 CNN 的典型结构

2.2.1 输入层

CNN 的输入层主要接收原始数据，通常是图像。输入层的每个数据样本被表示为一个多维数组，通常为高度、宽度和通道数（如 RGB 图像的三个通道）。例如，输入一张 224×224 像素的 RGB 图像，输入层的形状为（224，224，3）。输入层的作用是将原始数据传递给后续的卷积层，确保卷积层能够接收并处理图像中的特征。在此之前，输入数据通常需要进行预处理，如归一化，以优化模型的学习效果和性能。在 RUL 预测领域，其输入为一维或多维数据。

2.2.2 卷积层

CNN 的卷积层是其核心组成部分，主要用于从输入数据中提取特征。在每个卷积层中，多个小型卷积核（也称为滤波器）会在输入数据上滑动，并通过计算点积生成特征图。通过这一过程，卷积层能够捕捉到局部特征，如边缘和纹理等，从而帮助模型理解数据的基本结构。卷积层通过共享权重，大幅减少参数数量，提高计算效率，并能够逐层学习更复杂的特征。

卷积层通过滑动卷积核在输入数据上进行运算，逐点计算卷积。每次滑动时，卷积核与相应输入区域的元素进行乘法并求和，最终得到特征图。这个过程使得卷积层能够有效提取输入数据中的局部特征，为后续网络层提供有用的信息。假设输入尺寸为 $w \times w$，卷积核为 $z \times z$ 的矩阵，步长为 s，填充为 p，其输出尺寸 o 为

$$o=\frac{w+2p-z}{s}+1 \tag{2-117}$$

卷积过程如图 2.7 所示。其中，输入大小为 3×3，卷积核大小为 2×2，步长为 1，无填充。

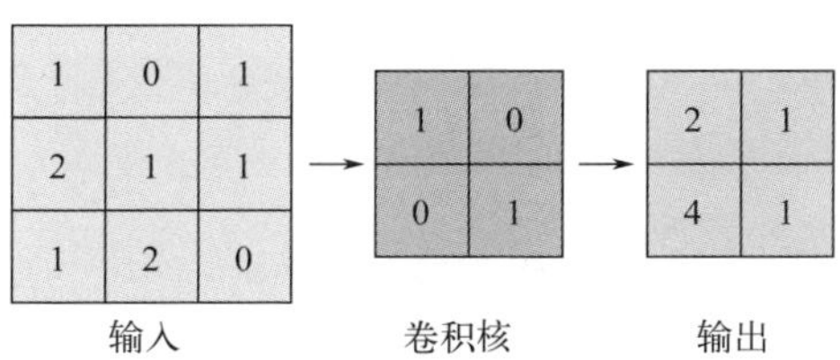

图 2.7 卷积过程

2.2.3 池化层

池化层在 CNN 中用于缩小特征图的尺寸，从而降低计算复杂度，同时保留关键特征信息。池化层有助于提高模型的抗噪声能力和特征不变性，使其对小幅度的位移、旋转和缩放具有鲁棒性，从而增强网络的整体性能。常见的池化方法包括最大池化和平均池化。

(1) 最大池化

最大池化通过在特征图上滑动一个窗口，选取每个窗口内的最大值作为

池化结果。这种方法能够有效提取图像的主要特征，降低特征图的尺寸，从而减少计算量，并增强模型对小变形和噪声的鲁棒性。采用 2×2 滤波器的最大池化示例如图 2.8 所示。

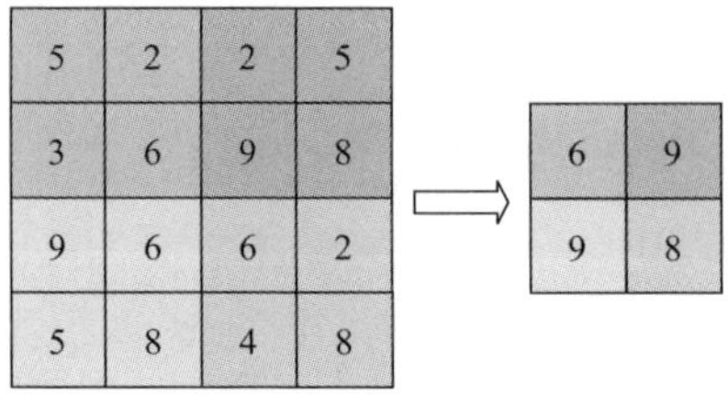

图 2.8　最大池化原理

（2）平均池化

平均池化通过计算每个区域的平均值，并将其作为输出。与最大池化相比，平均池化更关注特征的全局信息，适用于需要强调背景和整体特征的任务。采用 2×2 滤波器的平均池化示例如图 2.9 所示。

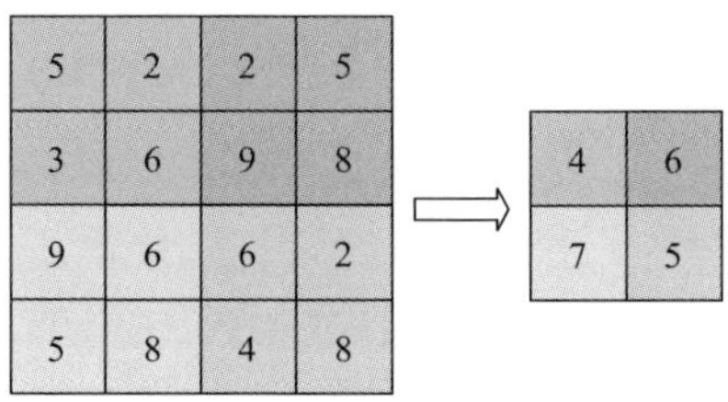

图 2.9　平均池化原理

2.2.4　全连接层

全连接层是 CNN 的末端部分，负责整合前面各层提取的特征。在这一层中，每个神经元与前一层的所有神经元相连，实现特征的全面整合。通过激活函数的非线性变换，全连接层输出最终的分类结果或回归值。它的作用是将高层次特征映射到输出空间，从而支持网络进行最终的决策或预测。

2.2.5　输出层

输出层是 CNN 的最后一层，负责生成模型的最终预测结果。根据任务类型的不同，输出层的结构和所使用的激活函数会有所差异。在分类问题中，输出层通常由多个神经元组成，每个神经元对应一个类别，并且激活函数常使用 Softmax 函数。Softmax 函数将输出的原始分数转换为概率分布，确保每个类别的预测概率值在 0 到 1 之间，并且所有类别的概率之和为 1。因此，Softmax 输出的每个值可以被视为模型对每个类别的预测概率，最终通过最大概率选择最可能的类别。

在回归任务中，输出层通常由一个或多个神经元组成，并且一般使用线性激活函数。线性激活函数的作用是直接输出连续的数值，不进行非线性转换。这种设计使得模型能够预测具体的数值，如某个精确的数值。回归问题的输出层通常不使用激活函数，或者仅采用恒等变换，以便直接生成实数值的预测结果。

在一些复杂的任务中，输出层的设计可能更加灵活。例如，在多任务学习中，模型可能会有多个输出层，每个输出层负责处理一个特定的任务，比如同时进行分类和回归预测。不同任务需要不同的激活函数，因此每个输出层会根据任务类型选择最合适的激活函数。

此外，输出层的设计不仅与激活函数的选择有关，还与损失函数的定义息息相关。损失函数决定了模型如何根据预测值与真实值之间的差异来优化权重，从而提高模型的表现。对于回归任务，常用均方误差作为损失函数，它计算的是预测值与实际值之间差异的平方和。通过选择合适的损失函数，模型能够有效地调整参数，提高预测的准确性。

2.2.6 训练过程

CNN 是一种广泛应用于图像处理等领域的深度学习模型，其训练过程涵盖数据准备、初始化、前向传播、损失计算、反向传播和参数更新等环节。首先，训练 CNN 需要准备数据，通常通过数据标准化和数据增强来提高模型的训练效果。数据标准化统一了输入数据的尺度，而数据增强则增加了数据的多样性，从而提升了模型的泛化能力。训练开始时，模型参数需要进行初始化，常用的方法如高斯初始化等，这些方法可以帮助避免梯度消失或爆炸的问题。

前向传播将输入数据通过网络各层计算，得到预测结果并与真实标签进行对比。损失函数衡量预测结果与实际标签之间的差异，常见的包括均方误差和均方根误差。反向传播利用链式法则计算损失函数相对于各参数的梯度，从而指导权重和偏置的调整。

参数更新通过优化算法进行，学习率控制更新速度。在训练过程中，通常使用小批量梯度下降，这意味着每次迭代仅使用数据的一部分进行计算，既提高计算效率，又能减少过拟合风险。训练过程会进行多轮迭代，不断调整网络参数，直到模型的性能达到预期水平。

训练的目的是通过不断调整网络参数，使得CNN能够更好地执行特定任务。为防止过拟合或欠拟合，可以采用交叉验证、早停等方法来监控模型的泛化能力。训练结束后，通常会用独立的测试集来评估模型，确保其在新数据上的表现优异。

2.3 循环神经网络

RNN是一种专门用于处理序列数据的神经网络结构。它通过在时间步之间传递隐藏状态，能够保留先前的信息，从而捕捉序列中的时序关系。每个时间步的输出不仅与当前输入有关，还受到前一个时间步的影响。这种循环机制使得RNN在自然语言处理、语音识别和时间序列预测等任务中表现突出。然而，标准RNN在处理长序列时可能会面临梯度消失或爆炸的问题，因此常常使用改进版本（如GRU或LSTM）来增强其性能。

2.3.1 长短期记忆网络

LSTM是一种改进版的RNN，专门解决序列数据中的长程依赖问题。它通过引入三个门控机制（即输入门、遗忘门和输出门）来调节信息的流动、保存和输出。输入门控制哪些新信息将被存储到细胞状态中，遗忘门控制哪些旧信息将被丢弃，而输出门则决定当前细胞状态的哪些部分将影响最终输出。这样的结构使LSTM能够有效捕捉时间序列数据中的复杂模式。

LSTM的具体网络结构如图2.10所示。

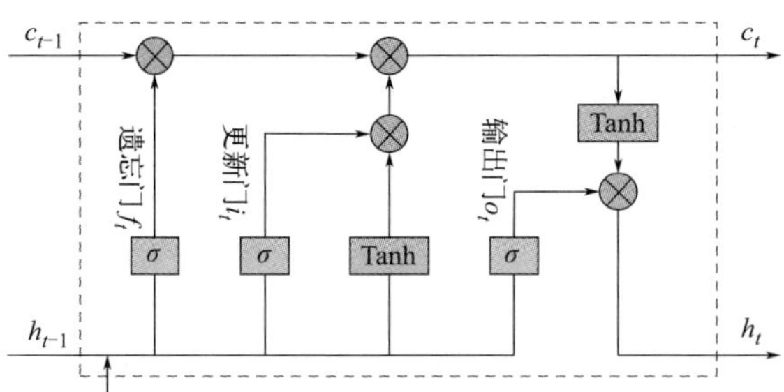

图2.10 LSTM的网络结构

具体步骤流程表述如下。

① 遗忘门：决定在这一步中保留前一步记忆的权利，即过滤旧的记忆。

其计算公式为

$$f_t=\sigma(w_{xf}x_t+w_{hf}h_{t-1}+b_f) \tag{2-118}$$

式中，$\sigma(\ )$是输出值在［0，1］之间的 sigmoid 激活函数，0 表示忘记，1 表示保留；x_t 是时刻 t 的输入；h_{t-1} 是时刻 $t-1$ 的短期状态；w_{xf} 是遗忘门输入的权重；w_{hf} 是遗忘门短期状态的权重；b_f 是遗忘门的偏置。

② 更新门：决定这些记忆需要保留的程度，即用于过滤新记忆。这里，Tanh 函数创建了一个新的临时状态层，并将所需的信息添加到状态层中以进行更新。其计算公式为

$$i_t=\sigma(w_{xi}x_t+w_{hi}h_{t-1}+b_i) \tag{2-119}$$

$$\overline{c}_t=\mathrm{Tanh}(w_{xc}x_t+w_{hc}h_{t-1}+b_c) \tag{2-120}$$

式中，$\sigma(\ )$是输出值在［0，1］之间的 sigmoid 激活函数；x_t 是时刻 t 的输入；h_{t-1} 是时刻 $t-1$ 的短期状态；w_{xi} 是更新门输入的权重；w_{hi} 是更新门短期状态的权重；b_i 为更新门的偏置；$\overline{c}_t$ 是临时长期记忆层；Tanh(　)是双曲正切激活函数。

③ 输出门：确定输出所需的信息。其计算公式为

$$o_t=\sigma(w_{xo}x_t+w_{ho}h_{t-1}+b_o) \tag{2-121}$$

式中，$\sigma(\ )$是输出值在［0，1］之间的 sigmoid 激活函数；x_t 是时刻 t 的输入；h_{t-1} 是时刻 $t-1$ 的短期状态；w_{xo} 是输入到输出门的权重；w_{ho} 是输出门短期状态的权重；b_o 是输出门的偏置。

最终可以得到直接输出 y_t、新的长期记忆 c_t 和短期状态 h_t，具体表示为

$$c_t=c_{t-1}\otimes f_t+i_t\otimes\overline{c}_t \tag{2-122}$$

$$h_t=o_t\otimes\mathrm{Tanh}(c_t) \tag{2-123}$$

$$y_t=w_{yh}h_t+b_y \tag{2-124}$$

式中，$\otimes$是对应的元素乘法；c_{t-1} 是时刻 $t-1$ 的长时记忆；w_{yh} 是输出的权重；b_y 是输出的偏置；Tanh(　)是双曲正切激活函数。

2.3.2 门控循环单元

GRU 是一种改进的 RNN，旨在更高效地捕捉序列数据中的远程依赖。GRU 通过引入更新门和重置门来控制信息的流动，从而决定保留多少过去的信息和引入多少新信息。更新门控制当前状态的更新程度，而重置门决定了之前的状态对当前计算的影响。这种设计使得 GRU 在保持模型简洁性的

同时，能够有效解决标准 RNN 在处理长序列时的梯度消失问题，从而在多种序列任务中展现出良好的性能。GRU 是 LSTM 的一种更简单的变体。与 LSTM 相比，GRU 的结构更简单，计算量更少，更容易训练。这些简化主要通过两种方式实现：①输入门和遗忘门合并成一个门，称为更新门；②内部/细胞状态和隐藏状态合并。

GRU 的具体网络结构如图 2.11 所示。

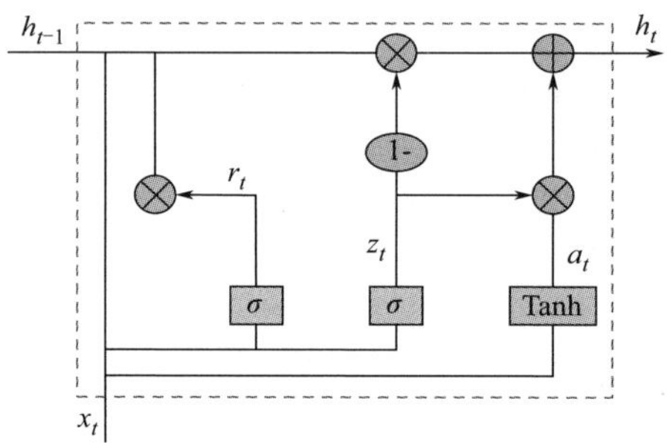

图 2.11　GRU 的网络结构

GRU 的计算公式为

$$z_t=\sigma(w_z[h_{t-1},x_t]+b_z) \tag{2-125}$$

$$r_t=\sigma(w_r[h_{t-1},x_t]+b_r) \tag{2-126}$$

$$a_t=\mathrm{Tanh}(r_t * w_a[h_{t-1},x_t]+b_a) \tag{2-127}$$

$$h_t=(1-z_t) * a_t+z_t * h_{t-1} \tag{2-128}$$

式中，σ(　)是输出值在［0，1］之间的 sigmoid 激活函数；x_t 是时刻 t 的输入；h_{t-1} 是时刻 $t-1$ 的短期状态；h_t 是当前层在时刻 t 的输出；z_t 和 r_t 分别表示更新门和重置门；a_t 是候选激活，Tanh(　)是双曲正切激活函数；w_z、w_r、w_a 分别是更新门、重置门和与输入相关的权重；b_z、b_r、b_a 分别是更新门、重置门和与输入相关的偏置。

2.4　残差网络

在序列预测任务中，CNN 常用于提取静态空间数据的特征，广泛应用于工业预测与故障诊断等领域。然而，随着 CNN 层数的增多，梯度消失问题容易出现，导致训练过程停留在局部最小值而非全局最小值。同时，反向传播时，较前层的参数更新速度较慢，从而降低了训练效率，甚至可能导致网络退化，影响最终的模型性能。为了解决这些问题，引入了残差连接，这种方法能够有效缓解梯度消失，促进更快的参数更新，从而显著提升 CNN 的训练效果和预测性能。

残差网络最早由 HE 等人[112] 提出，并在目标检测和识别[113,114] 等应用中取得了一定成就。其核心思想是残差学习，即网络学习输入与目标输出之间的残差，而非直接映射。添加跳跃连接，将输入和输出相加，使得信息能够在网络中直接流动，从而减轻了每层的学习负担，使得深层网络的训练变得更加高效。残差网络的设计使得网络可以构建数百层甚至上千层，且不会出现性能下降，反而能够提高模型的表现力。残差块是残差网络的核心构件，用于解决深层神经网络中的退化问题，如图 2.12 所示。

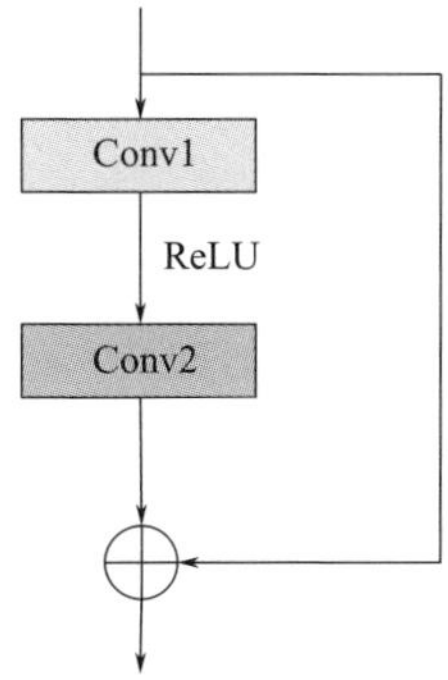

图 2.12　残差块

2.5 注意力机制

注意力机制是深度学习中的一种关键技术，旨在提升模型处理和理解输入数据的能力。它的核心思想是赋予模型选择性关注的能力，使其能够聚焦于输入中的关键信息，而非遍历所有数据。在传统的神经网络中，所有输入信息通常被同等对待，这在处理长序列或复杂数据时会导致信息过载和效率低下。引入注意力机制后，模型能够根据上下文动态调整其关注点。例如，在机械寿命预测任务中，模型可以根据当前监测到的设备状态（如温度、振动和压力）决定应关注历史数据中的哪些特征，从而提高对设备剩余使用寿命的准确预测。这种方法通过实时分析关键参数，能够及时识别潜在的故障风险，优化维护决策，减少意外停机的发生。

注意力机制在提升模型性能、增强可解释性和优化资源使用等方面发挥了关键作用。注意力机制允许模型在处理输入时，根据上下文信息动态调整对不同部分的关注程度。这意味着模型可以专注于当前任务最相关的数据，而不是平均对待所有信息。通过计算每个输入部分的重要性得分，模型能够在生成输出时只依赖于最重要的信息，从而提高效果。注意力机制非常灵活，可以根据不同任务和输入的特点进行调整。在处理大规模数据时，注意力机制通过选择性关注重要信息，可以大幅度减少计算复杂度，从而提升处理效率。与传统方法相比，注意力机制能够减少不必要的计算，从而在保持模型性能的同时提升速度，尤其是在实时应用中尤为重要。

第 3 章

基于深度学习的机械故障诊断模型

3.1 基于特征处理和 BiLSTM 的故障诊断模型

3.1.1 基于时频特征提取的方法

刀具的磨损退化过程是一个随着使用时间逐渐变化的过程，因此，选择具备良好单调性的特征对于准确描述其退化过程至关重要。为了实现这一目标，本研究选用了一种基于 Spearman（斯皮尔曼）相关系数的方法。Spearman 相关系数是一种用于衡量两个变量之间单调相关性的统计指标，能够有效地反映两个变量之间的关系程度。

本方法首先对特征的时序变化进行排序，然后计算每个特征与使用寿命之间的 Spearman 相关系数。设定一个预定阈值，筛选出 Spearman 相关系数高于该阈值的特征，这些特征被认为是与刀具磨损劣化过程密切相关的。然后重构特征矩阵，仅保留选定的特征。Spearman 相关系数及对应的相关度如表 3.1 所示，本方法的具体流程如图 3.1 所示。

表 3.1　Spearman 相关系数及对应的相关度

Spearman 相关系数	相关度	Spearman 相关系数	相关度
0.0～0.3	弱相关	0.5～0.8	中相关
0.3～0.5	低相关	0.8～1.0	高相关

为了精确地描述刀具的磨损退化过程，计算了每个特征时序变化与刀具加工时间之间的 Spearman 相关系数。这一步骤至关重要，因为它能帮助了解哪些特征与刀具的性能退化有强相关性。设置 Spearman 相关系数

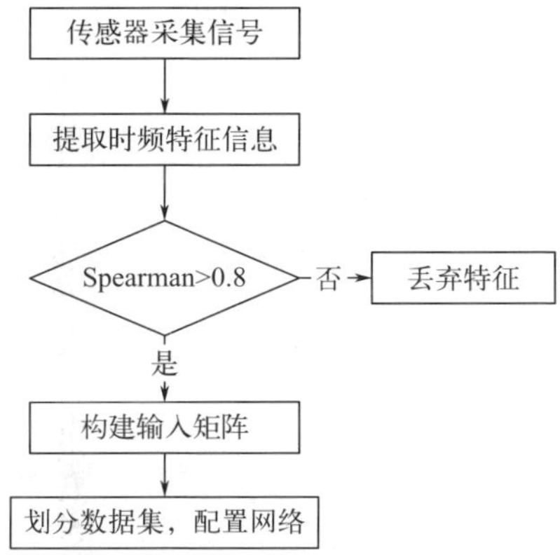

图 3.1 信号的处理步骤

阈值为 0.8，进行特征筛选，剔除低于该阈值的特征。这样的筛选过程确保了所选择的特征具有足够的代表性，并能够准确地反映刀具的性能变化。基于上述方法，将原始的 105 维多源信息特征矩阵重构为 36 维多源信息特征矩阵，简化了特征空间，降低了计算的复杂性，提高了特征的针对性和有效性。重构后的特征矩阵更聚焦于与刀具磨损退化过程密切相关的因素，从而为后续的分析和预测提供了更加可靠和准确的基础。图 3.2 为单调相关性系数图。

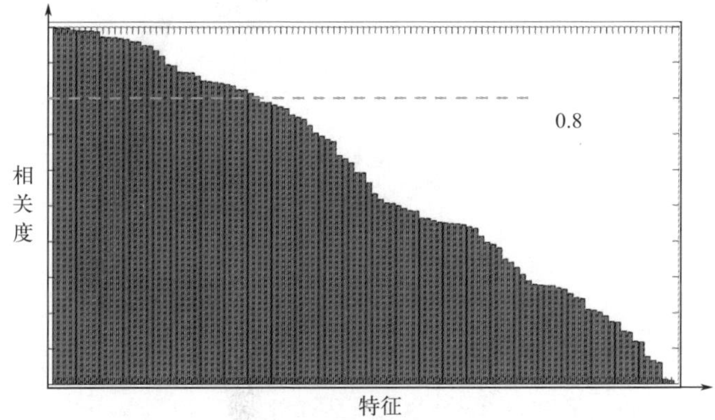

图 3.2 单调相关性系数图

3.1.2 基于特征处理和 BiLSTM 的模型架构

模型结构包括输入层、隐含层、全连接层和输出层，通过在所提取的时域、频域特征和刀具磨损量之间建立非线性映射关系来预测刀具在未来时刻的磨损量。BiLSTM 预测模型如图 3.3 所示。

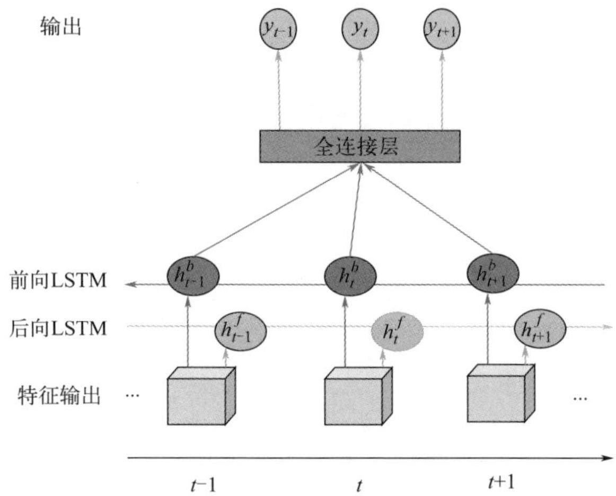

图 3.3　BiLSTM 预测模型

每次输入实验数据特征的大小为 7×36。本研究在构建 BiLSTM 刀具磨损量预测模型时，隐含层是 BiLSTM 模型的核心部分，其设定直接影响了模型的性能。在本研究中，每一个隐含层都拥有 128 个神经元。输入层的设计也是本研究的一个重点。考虑到刀具磨损量与铣削力信号和振动信号有着密切的关系，设计输入层主要负责接收这两种信号的多通道敏感特征值。这一设计有助于模型更好地捕捉到信号中的关键信息，为后续的磨损量预测提供准确的数据基础。在全连接层的设计上，利用其卷积操作将 BiLSTM 学习到的双向特征表示映射到目标输出值，即最终的刀具磨损量。这一设计不仅使得模型能够学习到更高级别的特征，同时也保证了模型预测的准确性。本研究提出的 BiLSTM 刀具磨损量预测模型的设计充分考虑了实验数据的特点和刀具磨损量的预测需求，各层的设定都有其独特的意义，保证了模型的性能和预测的准确性。

为了增强模型的泛化能力并避免在训练数据上的过度拟合，BiLSTM 模型特别采用了 Dropout 算法。在训练过程中随机关闭网络中的一部分神经元，从而迫使网络学习更加健壮和有意义的特征表示。通过这种方式，模型不太可能对训练数据中的噪声或异常值过度敏感，从而提高其在未知数据上的性能。

在激活函数的选择上，采用了线性整流函数（ReLU)。ReLU 函数在深度学习任务中已被广泛证明是有效的，它能够帮助模型更快地收敛，并且在多层网络中更好地传播梯度。相比于其他传统的激活函数，如 Sigmoid 和 Tanh，ReLU 能够缓解梯度消失问题，使得深度网络的训练变得更加可行和高效。

在超参数调整方面，采用了贝叶斯参数估计优化方法。这种方法基于高斯过程，能够充分利用先前的参数信息来指导搜索过程，从而持续地更新关于最佳参数配置的先验知识。网格搜索方法的一个主要缺点是，当参数空间较大时，其搜索过程变得非常耗时且易于陷入维度灾难。此外，对于非凸优化问题，网格搜索往往只能找到局部最优解，而贝叶斯方法由于其全局搜索特性，更有可能找到全局最优解。关于优化策略的详细流程，可参见表 3.2。表中，f 表示神经网络函数；X 表示超参数搜索空间；D 表示数据集；S 表示 Acquisition Function（采集函数）；M 表示对数据采集得到的模型。

表 3.2　贝叶斯参数优化流程

贝叶斯参数优化流程伪代码	贝叶斯参数优化流程伪代码
Input: f, X, S, M	$x_i \leftarrow \arg\max_{x\in X} S[x, p(y\mid x, D)]$
$D \leftarrow$ Initsamples(f, X)	$y_i \leftarrow f(x_i)$
for $i \leftarrow \|D\|$ to T do	$D \leftarrow D \cup (x_i, y_i)$
$p(y\mid x, D) \leftarrow$ Fitmodel(M, D)	

图 3.4 展示了基于特征提取和 BiLSTM 模型的预测流程。

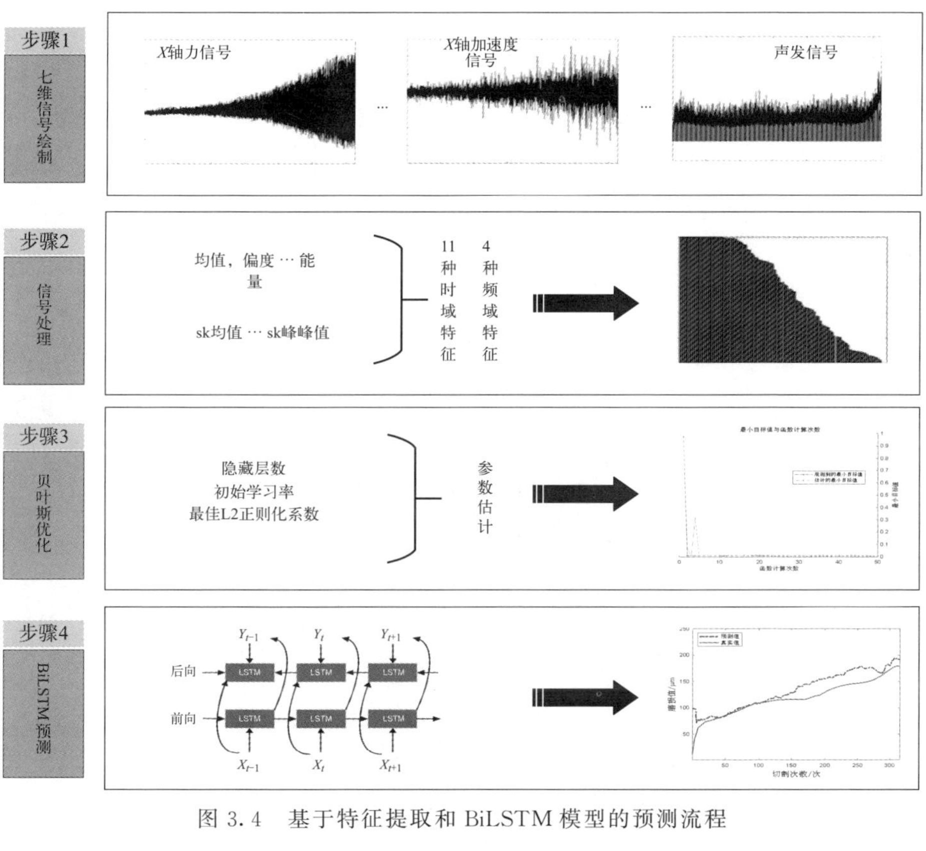

图 3.4　基于特征提取和 BiLSTM 模型的预测流程

3.2 基于模态分解和 MCNN-BiLSTM 的故障诊断模型

3.2.1 数据处理研究

(1) 信号相关性分析

皮尔逊（Pearson）相关性分析作为统计学中的一项重要工具，被广泛应用于探索两个连续变量之间的线性关系[115]。进一步地，当深入探究其计算过程时，会发现协方差与标准差在其中扮演着重要角色。协方差作为一个测量两个变量如何一起变化的统计量，可以揭示变量之间的变化趋势是否一致。而标准差反映了变量与其均值之间的差异程度，或简单地说，它表示数据点的离散程度。将这两个统计量结合，进而量化成两个变量之间的线性关系。为了更深入地理解数据背后的关系并做出更为明智的决策，皮尔逊相关性分析成为研究者的首选方法。因为它不仅能够提供关于数据关联性的直观解释，还能在预测和决策过程中提供更多的数据支撑。

相较于皮尔逊相关性分析，斯皮尔曼（Spearman）相关性分析则是一种非参数方法。这意味着它并不假设数据遵循任何特定的分布，使其在应用上更灵活[116]。斯皮尔曼相关性分析的核心在于使用变量的秩次而非原始数值进行计算。其计算过程包括对数据进行排序，并赋予每个数据点一个排名。然后它会计算两个变量秩次之间的差值，并对这些差值进行平方求和。这一系列的计算最终会得出斯皮尔曼相关系数。值得一提的是，由于其非参数的特性，斯皮尔曼相关性分析能够很好地处理那些不能通过线性关系来描述的数据，为分析提供了更准确的结果。此外，在面对数据量较小或数据分布不规律的情况时，它也能展现出优越的性能，提供可靠的结果。更为重要的是，斯皮尔曼方法在计算相关系数时，不受异常值的影响，这一特性使得其在多种场景下，如数据分析、统计学及机器学习等领域都得到了广泛应用。

Pearson 和 Spearman 相关系数是用来衡量两个变量之间线性关系强度和方向的统计量。其范围为－1～1，－1 表示完全负相关，0 表示相互独立，一个变量的变化不会影响另一个变量，1 表示完全正相关。其对应的公式如下：

$$P_{xy}=\frac{\sum_{i=1}^{n}(x_i-\overline{x})(y_i-\overline{y})}{\sqrt{\sum_{i=1}^{n}(x_i-\overline{x})^2\sum_{i=1}^{n}(y_i-\overline{y})^2}} \tag{3-1}$$

$$S_{xy}=1-\frac{6\sum_{i=1}^{n}[R(x_i)-R(y_i)]^2}{n(n^2-1)} \tag{3-2}$$

式中，P_{xy}、S_{xy} 分别为 Pearson 相关系数和 Spearman 相关系数；x_i 和 y_i 分别为两种输入特征值；$\overline{x}$ 和 $\overline{y}$ 分别为两个 n 维特征的均值；$R(x_i)$和 $R(y_i)$分别为在各自特征值中的排序。

(2) 时频特征提取原理

在刀具磨损状况的检测中，为了获得与刀具状态相关的有用信息，必须对原始信号进行适当的处理，以提取出与刀具状态紧密相关的信号特征[117]。在信号分析的领域中，多种特征被频繁地提取以揭示信号的内在性质。时域特征、频域特征和时频特征[118]，这三者在信号分析研究中出现频率最高，它们可以深刻地反映出信号在不同维度上的特性。在提取时域特征时，概率统计方法被广泛采用。时域特征通常可以分为两类：量纲特征参数和无量纲特征参数。这两类特征的计算相对简单，而且在实际应用中也十分方便[119]。

在详细研究时域特征时，共提取了 11 种常用特征，包括波峰因子、形状因子、偏度、峰度等，如表 3.3 所示。

表 3.3 时域特征计算公式

特征	计算公式	特征	计算公式
均值	$\mu_s=\frac{1}{n}\sum_{i=1}^{n}s_i$	峰度	$F_{kurt}=\frac{\frac{1}{n}\sum_{i=1}^{n}(s_i-\mu_s)^4}{\sigma_s^4}$
标准差	$\sigma_s=\sqrt{\frac{1}{n-1}\sum_{i=1}^{n}(s_i-\mu_s)^2}$	脉冲因子	$F_{IF}=\frac{\max(\boldsymbol{s})}{\frac{1}{n}\sum_{i=1}^{n}\lvert s_i\rvert}$
偏度	$F_{sk}=\frac{\frac{1}{n}\sum_{i=1}^{n}(s_i-\mu_s)^3}{\sigma_s^3}$	波峰因子	$F_{CF}=\frac{\max(\boldsymbol{s})}{F_{rms}}$

续表

特征	计算公式	特征	计算公式
形状因子	$F_{SF}=\frac{F_{rms}}{\frac{1}{n}\sum_{i=1}^{n}\|s_i\|}$	均方根	$F_{rms}=\sqrt{\frac{1}{n}\sum_{i=1}^{n}s_i^2}$
边际因子	$F_{MF}=\frac{\max(s)}{(\frac{1}{n}\sum_{i=1}^{n}\|s_i\|)}$	能量	$F_E=\sum_{i=1}^{n}s_i^2$
峰峰值	$F_{pp}=\max(\boldsymbol{s})-\min(\boldsymbol{s})$		

频域特征一般是指通过快速傅里叶变换[120] 进行频谱分析得到的信号特征。时频分析描述信号频谱随时间的变化，得到信号能量或强度的时间和频率分布，实现时频特征信息提取[121]。对于频域方面，对信号分别进行短时傅里叶变换后提取谱峰度矢量 sk 的均值、标准差等在内的 4 种特征，如表 3.4 所示。

表 3.4　频域特征计算公式

特征	计算公式	特征	计算公式
sk 均值	$\mu=\frac{1}{n}\sum_{i=1}^{n}sk$	sk 偏度	$F_{psk}=\frac{\frac{1}{n}\sum_{i=1}^{n}(sk_i-\mu_p)^3}{\sigma_p^3}$
sk 标准差	$\sigma_p=\sqrt{\frac{1}{n-1}\sum_{i=1}^{n}(sk_i-\mu_p)^2}$	sk 峰度	$F_{pkurt}=\frac{\frac{1}{n}\sum_{i=1}^{n}(sk_i-\mu_p)^4}{\sigma_p^4}$

(3) 信号的分解原理

信号分解在刀具磨损预测领域具有敏感性、抗干扰能力、多尺度分析和灵活性等优势，能够为刀具磨损预测提供更准确、可靠和有效的技术支持。通过信号分解，可以捕捉到与刀具磨损密切相关的特征频带。这些特征频带能够敏感地反映刀具磨损状态的变化，从而提供准确的磨损预测。在实际应用中，刀具磨损监测信号往往受到噪声和干扰的影响。信号分解方法可以有效地对这些噪声和干扰进行降噪处理，提取出与刀具磨损相关的有效信号，提高预测的可靠性。此外，信号分解方法可以多尺度地分析信号，从而在不同的时间尺度和频率尺度上揭示刀具磨损的特征。这种多尺度分析能够更全面地考虑刀具磨损的各种因素，提高预测的准确性。

① CEEMDAN 原理。CEEMDAN，即完全集成自适应噪声的经验模态分解，是经验模态分解（EMD）的一种重要改进方法。EMD 是一种用于处理非线性和非平稳信号的有效工具，然而，它在实际应用中受到一些限制，如伪分量和模态混叠现象的出现。为了克服这些问题，CEEMDAN 方法应运而生[122]。

CEEMDAN 方法通过引入随机扰动策略，对原始信号进行多次扰动，生成多组扰动信号。这种随机扰动的方式有助于揭示信号的内在结构，并且能够增强对噪声的鲁棒性。每组扰动信号经过 EMD 分解后，得到一系列的内在模态函数（IMF）分量。这些 IMF 分量代表了信号在不同时间尺度上的特性。接下来，CEEMDAN 方法采用平均策略，将每组 IMF 分量在同一位置进行平均处理，得到平均 IMF 分量。通过平均处理，可以降低噪声和伪分量对结果的影响，提高分解的准确性。最终，将所有平均 IMF 分量相加，便得到经过 CEEMDAN 分解后的信号。

CEEMDAN 方法的优点在于它能够更好地处理非线性和非平稳信号。相比传统的 EMD 方法，它通过多次随机扰动和分解的操作，有效地减少了伪分量和模态混叠现象的出现。此外，CEEMDAN 方法不需要事先确定信号的分量数目，它能够根据信号的内在特性自适应地进行分解。这一特点使得 CEEMDAN 方法在处理复杂信号时具有更强的灵活性和适应性。正是由于这些优点，CEEMDAN 方法在信号处理领域中得到了广泛的应用。它可以应用于故障诊断、振动分析、音频处理等多个方面[123]。

② SSD 原理。奇异谱分解（Singular Spectrum Decomposition，SSD）是近年来在信号处理领域中备受关注的一种方法[124]。它基于特征值分解技术，旨在将复杂的信号分解为多个具有明确物理意义的子信号，从而为后续的分析和处理提供便利。

为了应用 SSD 方法，需要构建 Hankel 矩阵。这一步骤涉及将原始信号按照一个特定的窗口长度进行滑动，进而构建出所需的 Hankel 矩阵。这个矩阵在后续的特征值分解中扮演着关键角色。接下来，对构建好的 Hankel 矩阵进行特征值分解。这一操作可以揭示出信号的内在结构，得到一系列的特征值和特征向量。这些特征值和特征向量是信号固有特性的表现，能够用于进一步的分析。在得到特征值和特征向量后，需要选取信号子空间。这是根据特征值的大小来进行的，通常选取前 k 个特征向量作为构成信号子空间的基础。这个子空间可以看作原始信号的一个低维表示，能够捕捉到信号中的主要特性。然后，将原始信号投影到这个信号子空间中，得到分解后的子信号。这些子信号具有不同的频率和幅度特征，可以更加细致地展现出原始信号的各方面特性。最后，根据需要，可以将这些分解后的子信号按照一定的规则进行重构，以恢复出原始信号。这一步骤验证了 SSD 方法的可行性，并确保了分解与重构过程的一致性。

SSD 方法具有多个优点。它不需要事先确定信号的分量数目，能够根据实际情况自适应地进行分解。此外，该方法不仅能够处理平稳信号，还能够有效地处理非平稳信号和非线性信号。分解后的子信号具有明显的物理意义，使得结果易于理解和解释。更重要的是，SSD 方法并不对信号进行任何假设，因此具有更广泛的适用性[125]。

③ VMD 原理。VMD（Variational Mode Decomposition）是近年来备受关注的一种信号分解方法。它基于变分原理，能够将复杂的信号分解为多个具有不同频率和幅度特征的子信号，从而更深入地揭示信号的内在特性[126]。该方法在多个领域中得到了广泛应用，并展现出了很好的性能。

VMD 方法的实施过程可以概括为三个主要步骤。首先，需要对原始信号进行希尔伯特（Hilbert）变换，得到相应的解析信号。这一步骤有助于将信号转换为更适合处理的形式，为后续的分解打下基础。接下来，通过最小化特定的代价函数，VMD 方法计算每个频带的中心频率和带宽，进而得到每个频带对应的子信号。这一步骤采用了变分优化的思想，能够准确地提取出各个子信号的特征。最后，根据一定的规则，将分解后的子信号重构为原始信号，以验证分解的正确性和有效性。

VMD 方法的优点使其在信号处理领域备受青睐。首先，VMD 方法能够处理非平稳信号和非线性信号，表现出了很好的适应性。这意味着它可以应对各种复杂的信号场景，不受信号特性的限制。其次，分解后的子信号具有明显的物理意义，使得结果更易于理解和解释。这使得 VMD 方法在实际应用中具有很高的可操作性，人们可以根据分解结果进行相应的分析和判断。此外，VMD 方法可以自适应地确定信号的分量数目，不需要事先设定，增加了方法的灵活性和通用性。最重要的是，VMD 方法的计算量相对较小，可以在实时应用中使用[127]。这一优点使得 VMD 方法在处理大规模数据或实时信号时具有高效性，满足了实际应用的需求。

3.2.2 基于信号模态分解的方法

从数学层面和统计学方面对收集到的七维传感器信号和刀具磨损之间的

关系进行筛选，既降低了输入到模型中的数据量，又使数据量减少对网络预测的精确度的影响降到最低，因此由式（3-1）和式（3-2）计算得到传感器信号与刀具磨损值之间的 Pearson 相关系数和 Spearman 相关系数，如表 3.5 所示。

由表 3.5 可知，无论是 Pearson 相关系数还是 Spearman 相关系数，力信号与磨损值的相关度都是最高的，而三轴振动信号与磨损值的相关度接近 0，既不是正相关也不是负相关。因此，选取 F_x、F_y、V_y 以及 AE 信号共同作为后续研究的对象，具体步骤如图 3.5 所示。

表 3.5　多维传感信号与磨损值的相关性系数

信号	是否选取	Pearson 相关系数	Spearman 相关系数
F_x	是	0.9716	0.9937
F_y	是	0.9293	0.9541
F_z	是	0.9750	0.9182
V_x	否	0.0697	0.0583
V_y	否	0.0604	0.0845
V_z	否	0.0603	0.1054
AE	是	0.5707	0.4892

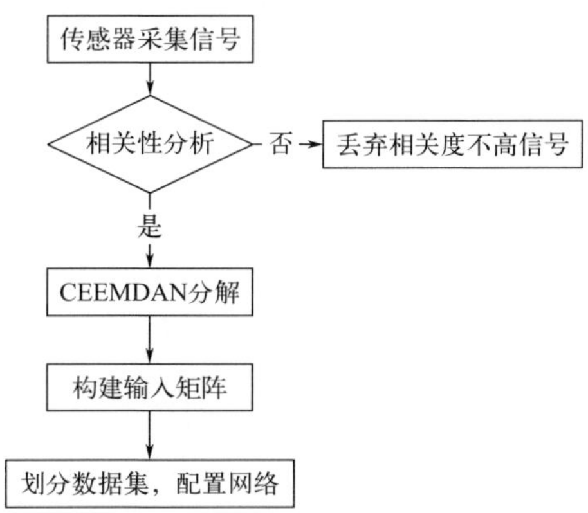

图 3.5　信号处理的步骤

为了防止深度学习模型不能充分挖掘信号的特征，本研究选择 CEEMDAN 算法对传感器信号进行分解。与传统的 VMD 和 SSD 相比，CEEMDAN 算法效果更好，鲁棒性和可解释性更强，灵活性更高。

采用 CEEMDAN 分解将信号分解为多个子信号，每个子信号的频率范围不同，这使得神经网络能够更好地学习和处理不同频率范围内的信息。同时，CEEMDAN 分解可以提高信号的局部特征提取能力，从而提高神经网络的识别精度。将 CEEMDAN 分解后的信号输入神经网络可以更好地提取信号的特征，从而提高神经网络的性能。

$E_i(\ )$为 EMD 分解得到的第 i 个子序列；$C_i(t)$为 CEEMDAN 分解得到的第 i 个子序列；v^j 为满足标准正态分布的高斯白噪声信号，$j=1$，2，…，N，j 为白噪声的添加次数；d 为标准白噪声表；$y(t)$为待分解的信号。CEEMDAN 方法的具体步骤如下。

对原始传感器信号 $y(t)$ 进行多次随机扰动，得到多组扰动信号：

$$y(t)+(-1)^q \varepsilon v^j(t),\ q=1,2$$

EMD 对新信号进行分解，得到第一个子序列：

$$E[y(t)+(-1)^q \varepsilon v^j(t)]=C_1(t)+r^j \tag{3-3}$$

对生成的 N 个子序列求平均，得到 CEEMDAN 分解的第一个子序列，计算第一个子序列的残差并将其去除：

$$\begin{cases} C_1(t)=\dfrac{1}{N}\sum\limits_{j=1}^{N} C_1^j(t) \\ r_1(t)=y(t)-C_1(t) \end{cases} \tag{3-4}$$

加入一对正负高斯白噪声 $r_1(t)$，得到一个新信号 D_1。将新信号作为 EMD 分解的载体得到第一子序列，再由第一子序列得到 CEEMDAN 分解的第二子序列以及剔除第二子序列后的残差：

$$\begin{cases} C_2(t)=\dfrac{1}{N}\sum\limits_{j=1}^{N} D_1^j(t) \\ r_2(t)=y(t)-C_2(t) \end{cases} \tag{3-5}$$

重复上述步骤，直到得到的残差信号为单调函数，无法进一步分解。原始信号：

$$y(t)=\sum_{k=1}^{k} C_k(t)+r_k(t) \tag{3-6}$$

CEEMDAN 方法能较好地处理非线性和非平稳信号；通过多次随机扰动和分解，可以减少 EMD 方法的伪分量和模态混叠现象；CEEMDAN 方法不需要预先确定信号中的分量数，可以自适应地分解信号。因此，CEEMDAN 方法在信号处理领域得到了广泛的应用。

因此，先对与磨损值相关性更大的传感器信号 F_x、F_y、F_z、AE 进行 max-min 归一化，同时使用 CEEMDAN 算法对归一化的信号进行模态分解，以 F_y 信号为例，分别获得 16 组分解子序列，如图 3.6 所示。将 4 维信号的 16 种分解子序列与原始信号组合为 315 个 100×17×4 多维矩阵，构成多通道输入矩阵如图 3.7 所示，供模型特征提取和挖掘时序规律，进而实现预测。

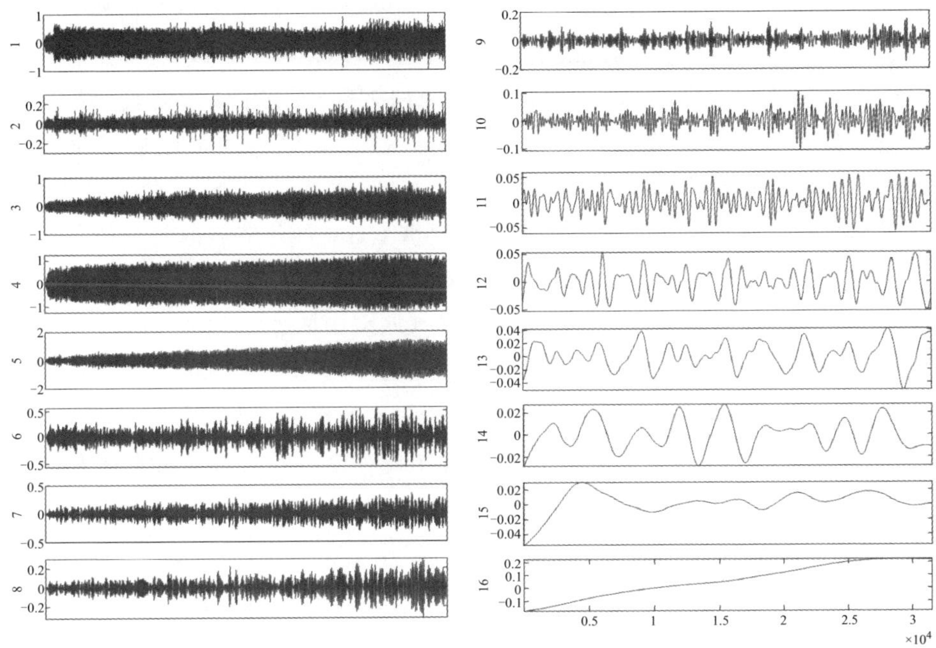

图 3.6　CEEMDAN 信号分解

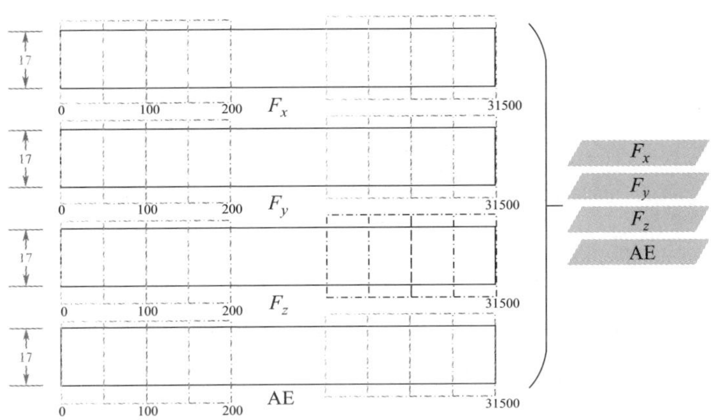

图 3.7　信号重构

3.2.3 基于模态分解和 MCNN-BiLSTM 的模型架构

基于特征提取的方法依赖于人的主观判断和经验，因此可能受到个人偏见和误差的影响。不同的人员可能会提取出不同的特征，导致结果的不一致性。手动提取特征需要花费大量时间和精力，尤其是对于大规模数据集，特征提取的过程可能成为瓶颈。针对特定任务提取的特征可能不适用于其他任务或数据集，缺乏通用性。手动提取的特征可能无法覆盖数据中的所有重要信息，从而限制了模型的性能。

为了避免上述缺点，基于模态分解和 MCNN-BiLSTM 的刀具磨损量预测模型被提出。针对模态分解之后庞大的数据量级，该预测模型继承了 BiLSTM 预测模型的优点，同时弥补了人工特征提取的不足。相较于特征提取刀具磨损量预测模型，该模型利用多尺度 Conv 对分解后的信号进行主动特征挖掘。多尺度 Conv 神经网络是一种通过引入不同尺度的特征图来提高网络分类性能和鲁棒性的方法。通常，在 CNN 中的卷积和池化等操作会导致特征图的尺寸减小，从而可能丢失重要信息。但是，多尺度 Conv 网络通过引入多个尺度的特征图，可以减轻信息丢失的影响，从而提高网络性能。在多尺度 Conv 网络中，不同层次会引入不同尺度的特征图，并进行信息交互和融合。这些特征图可以通过拼接、融合或并行网络结构等方式实现。此外，将卷积神经网络与双向长短期记忆神经网络相结合，可以使得预测模型同时关注时序数据中的空间特征，从而有效地提高预测精度。

MCNN-BiLSTM 组合模型包含了多尺度卷积（Multiscale Convolution）层、批量归一化（Batch Normalization）层、激活函数（ReLu）层、最大池化（Max Pooling）层、双向长短记忆神经网络（BiLSTM）层、全连接（Fully Connection）层和随机丢弃（Dropout）层。其中，输入块中的残差块由主路和支路组成，主路包含卷积层、BN 层和 ReLU 激活层，支路只包含 Max Pooling 层。残差块的输入张量分别经过主路和支路，两个张量相加，形成残差块的输出。多个残差块使用多层感知机的方法进行重复的堆叠。输出块使用样本规范层、ReLU 激活层和全连接层处理多重残差块的输出张量，再经过平铺（Flatten）层后输入 BiLSTM 模块，产生整个模型的输出，模型示意图如图 3.8 所示。模型输入为筛选后的多通道信号数据，对应的标签为最小磨损标签，利用多尺度 CNN 分别从不同的信号中提取特征，CNN 的核大小分别为 3×3、4×4 和 5×5。其卷积层数均设置为 64，BiLSTM 的层数设置为 128。

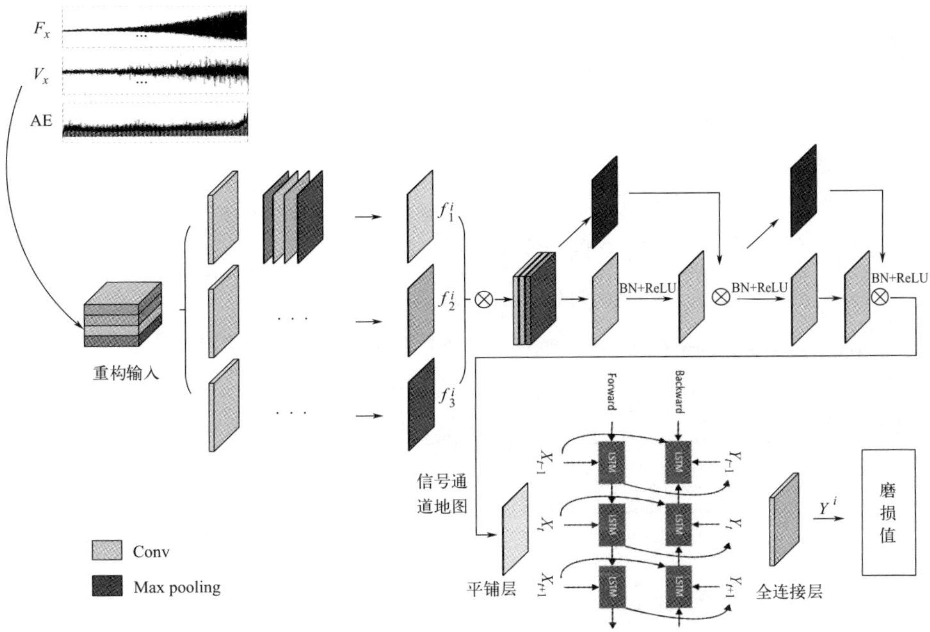

图 3.8 MCNN-BiLSTM 预测模型

多尺度卷积层的表达式为

$$\boldsymbol{f}_j^i=\sigma_{\mathrm{r}}(\sum \boldsymbol{W}_j^i * \boldsymbol{X}_j^i+\boldsymbol{B}_j^i) \tag{3-7}$$

式中，$\boldsymbol{X}_j^i$ 为模型的输入；$\boldsymbol{W}_j^i$ 分别为每一层卷积的卷积核；$\boldsymbol{B}_j^i$ 为每层卷积的偏置数；$\boldsymbol{f}_j^i$ 分别为每个卷积块提取到的特征向量。

ReLU 是一种常用的激活函数。在神经网络中，激活函数用于对神经元的输出进行转换，使其具有非线性特性。ReLU 激活函数在输入为正时，输出等于输入；在输入为负时，输出为零。ReLU 的主要优点是简单、快速，而且在实际应用中表现良好。它能够有效地缓解梯度消失的问题，加速神经网络的训练，使得神经网络的输出更加准确。

Flatten 层的主要作用是将多维的数据结构转换为一维的数据结构。这样可以为接下来的全连接层或输出层提供扁平化的数据结构。Flatten 层表达式为

$$f^i=\mathrm{flatten}(\boldsymbol{f}_j^i \oplus \boldsymbol{M}_j^i) \tag{3-8}$$

式中，$\boldsymbol{f}_j^i$ 为每个卷积块提取到的特征向量；$\boldsymbol{M}_j^i$ 为经过最大池化层之后的特征向量。

BiLSTM 监测模块实现预测的数学表达如式（3-9）～式（3-12）所示。

$$h^i=\sigma_{\mathrm{t}}(\boldsymbol{W}_1 \boldsymbol{f}^i+\boldsymbol{W}_3 \boldsymbol{h}^{i-1}) \tag{3-9}$$

$$r^i=\sigma_t(\boldsymbol{W}_2\boldsymbol{f}^i+\boldsymbol{W}_5\boldsymbol{r}^{i+1}) \tag{3-10}$$

$$Y^i=\sigma_t(\boldsymbol{W}_4\boldsymbol{h}^i+\boldsymbol{W}_6\boldsymbol{r}^i) \tag{3-11}$$

$$\sigma_t(x)=\frac{e^x-e^{-x}}{e^x+e^{-x}} \tag{3-12}$$

式中，$\boldsymbol{W}_1$ 与 $\boldsymbol{W}_3$ 为前向层的特征向量的权重矩阵；$\boldsymbol{W}_2$ 与 $\boldsymbol{W}_5$ 为前向层和反向层计算时间映射到当前计算时间的权重矩阵；$\boldsymbol{W}_4$ 与 $\boldsymbol{W}_6$ 为前向层与反向层的输出映射至输出层的权重矩阵。

图 3.9 展示了基于模态分解和 MCNN-BiLSTM 模型的预测流程。

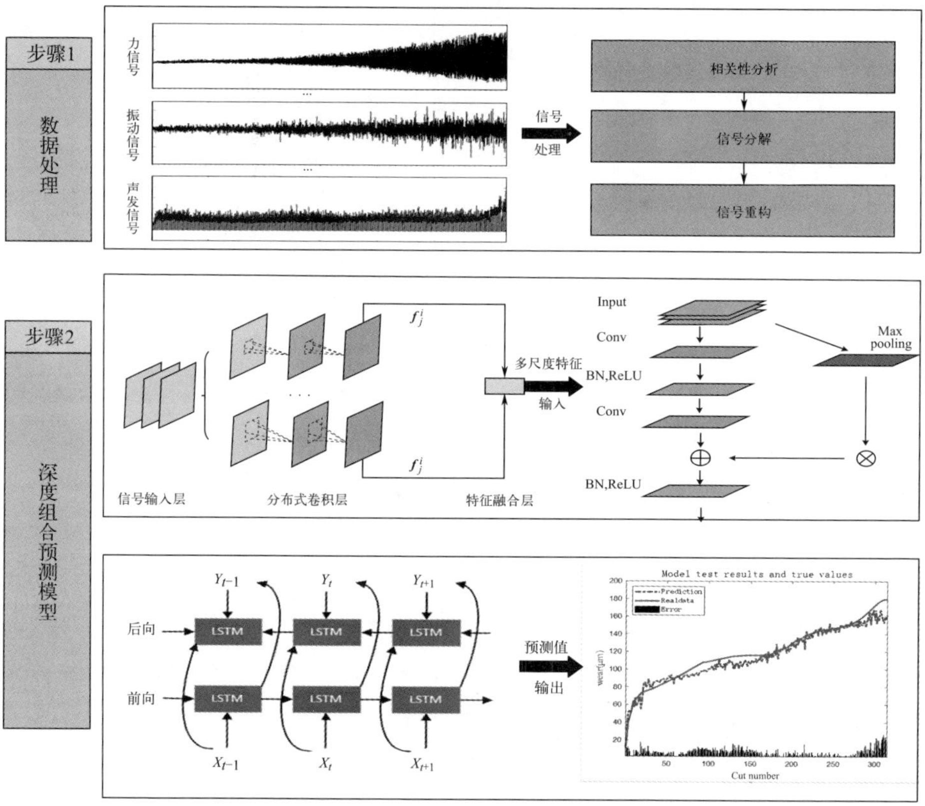

图 3.9　基于模态分解和 MCNN-BiLSTM 模型预测流程

3.3 基于 TCN-SA 和 Bi-GRU 的故障诊断模型

对基于轴承退化过程的物理模型进行精确建模非常困难，基于数据驱动的深度学习方法则有效地避免了这一问题。然而，传统的基于 CNN 或

RNN 的预测模型存在特征提取能力弱和设计及训练困难的问题，导致预测精度低。为了从时间序列中捕获到有效特征，并弥补 TCN 不能处理双向信息的缺陷，本节提出了一种基于 TCN-SA-Bi-GRU 的端到端 RUL 预测方法，整个网络模型的结构如图 3.10 所示。

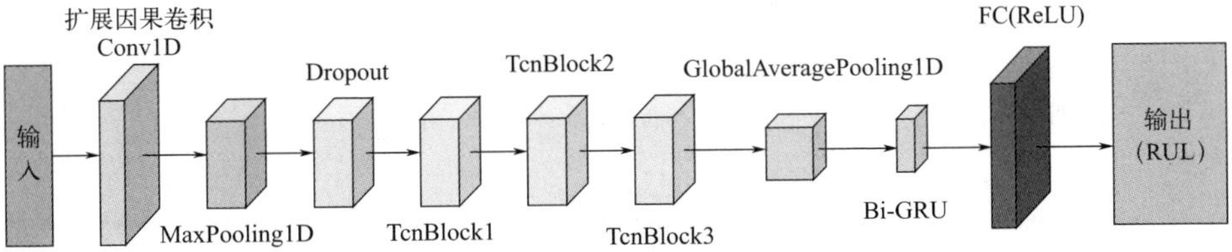

图 3.10　网络模型结构

网络输入是一个 2D 张量，包含来自水平和垂直方向振动传感器的振动数据。输入张量经过扩展一维卷积层、一维最大池化层、三个堆叠的 TCN 块、一维全局最大池化层、Bi-GRU 层和全连接层（Full connection，FC），最终输出预测的 RUL 值。Dropout 为正则化，用于减少过拟合，LeakyReLU 和 ReLU 为激活函数。三个堆叠的 TCN 块用于扩展模型的感受野及提高特征提取能力，有效地捕捉时间序列中的依赖关系，从而提升模型预测的准确度。

3.3.1 时间卷积网络

TCN 是 CNN 的一种变体，它使用了扩展的因果卷积和残差连接，解决了 CNN 和 RNN 在处理时间序列数据时的局限性，提供了一种很有前景的方法。TCN 最早由 BAI 等人[128] 提出，它继承了传统 CNN 的优点，利用其独特的扩展因果卷积结构有效地处理时间序列数据，提取时间序列特征信息。与传统 CNN 在相邻元素上进行卷积操作不同，扩展因果卷积仅仅在当前元素之前的选定元素上进行操作。通过选择一定“间隔”的元素来扩展过滤长度，“扩展”卷积运算解决了模型复杂度和感受野之间的权衡问题。这一间隔由称为“膨胀率”的参数控制，调整膨胀率可以轻松实现模型复杂性和接受域之间的权衡。因此，为了捕获相同的感受野，扩展因果卷积相较于常规 CNN 需要更少的层数。此外，TCN 不包含循环连接，因此其训练计算效率高于 RNN，能够缓解梯度消失和梯度爆炸的问题。因此，与 CNN 和 RNN 相比，TCN 更适合处理时间序列数据。

(1) 扩展卷积

传统 CNN 一般采用标准卷积运算，其中扩展因子是固定的。在卷积过程中，卷积核与特征映射中的映射元素之间不存在间隔，并且卷积操作中感受野的范围等于卷积核的大小。扩展卷积是一种特殊的卷积方式，它通过在卷积核元素间插入空洞，扩大感受野，同时保持参数量不变。这种技术使得模型能够在处理复杂数据时更有效地捕捉长期依赖关系，尤其适用于语音处理和图像分割等任务。扩展卷积的关键在于膨胀系数，它控制了卷积核元素之间的间隔。当膨胀系数为 1 时，扩展卷积的行为与标准卷积相同；而增加扩展因子则可以显著扩大感受野，使得模型能够同时关注更大范围的上下文信息。这一特性在处理具有长时间依赖性的信号时尤为重要。

在实际应用中，扩展卷积被广泛用于 CNN，特别是在语音处理、图像分割和生成模型等领域。它能够有效捕捉音频信号中的长时间依赖性，同时在图像分割中保持高分辨率，获取更加丰富的上下文信息。此外，在生成模型中，扩展卷积的引入也有助于提升生成内容的质量。扩展卷积的优势在于其高效的参数使用和对分辨率的保持。与通过加深卷积层来扩大感受野不同，扩展卷积在不增加额外参数的情况下扩展感受野，从而提高了模型的效率。此外，在图像处理任务中，扩展卷积的设计能够保持图像的空间分辨率，避免由于下采样带来的信息损失。

(2) 扩展因果卷积

一个简单的因果卷积网络仅能处理在其网络深度范围内的历史数据信息，此外，这种历史信息通常是线性的。这一限制使得在处理需要长期历史分析的序列任务时，因果卷积的应用变得困难。扩展因果卷积是在因果卷积的基础上进行的一种卷积操作。它通过增大卷积核的采样间隔，使得输出的特征图能够有更大的感受野和更强的表达能力。这种操作有助于网络更有效地捕捉输入数据中的长期依赖关系，并提取更丰富的特征。在扩展因果卷积中，因果性确保输出仅依赖当前及之前的输入，从而防止未来信息泄露。这种设计特别适合于生成任务和时间序列预测。扩展因子的应用进一步增强了模型的能力，使其能够在不增加计算复杂度的情况下，关注更广泛的上下文信息。

给定卷积的基数长度 k 和扩展率 d，扩展卷积核的长度计算如下：

$$l=k+(k-1)\times(d-1) \tag{3-13}$$

图 3.11 展示了 $k=3$ 和 $d=1,2,4$ 情况下的扩展因果卷积。通过这种方法，扩展因果卷积能够扩大卷积核的感受野，而无须增加额外的参数，从而增强网络对信息的感知能力。

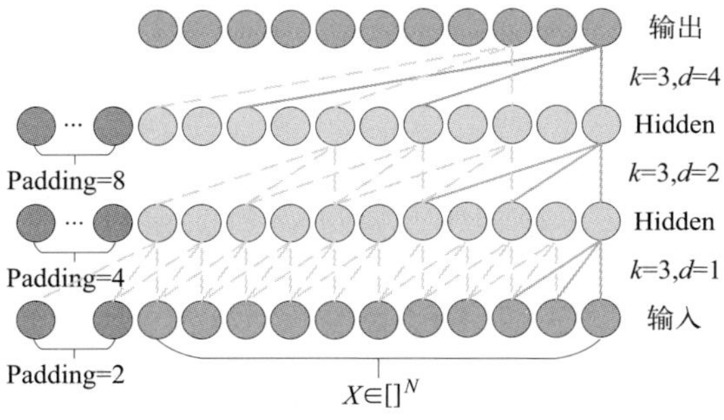

图 3.11 可视化扩展的因果卷积

(3) 残差连接网络

扩展因果卷积虽然在因果卷积的基础上提供了更大的感受野，然而，在TCN中，网络深度、扩展因子和卷积核这三个参数的大小仍会影响其感受野。即便扩展卷积在一定程度上优化了因果卷积的网络层数问题，但对于大而深的模型仍旧需要较多的层数，网络的稳定性变得至关重要。为了解决深层网络训练中的梯度消失和模型退化问题，TCN引入了残差网络的概念，简化了深层网络的训练。残差学习是一个过程，其本质思想是通过拟合残差映射来近似底层映射，与直接堆叠非线性层以拟合底层映射 $H(x)$ 相比，残差学习引入了一个残差映射 $F(x)$ 来表示偏差，其中 $F(x)=H(x)-x$。然后，通过重构原始期望映射 $H(x)$ 为 $F(x)+x$。残差学习中引入了身份跳跃连接，使得数据 x 可以直接传递到网络的后续层，从而避免信息丢失的问题。

3.3.2 改进的TCN网络结构

SA机制用于辅助TCN的工作，以增强模型在时间序列预测中的非线性特征处理能力，从而提升模型在时间序列预测中的表现。在深度神经网络的训练过程中，批量归一化（Batch Normalization，BN）通常是必不可少的[129]。BN通过计算小批量数据的均值和标准差来规范化中间层的输出，进而增强输出的稳定性，并有效降低过拟合的风险。HE等人[130]研究对比了五种BN和激活函数在残差网络中的不同放置方式，实验结果表明，充分预激活的结构在提高网络泛化能力和减少过拟合方面优于其他结构。因此，在TCN中采用预激活残差连接方案，即将BN和激活函数都放置在扩展因果卷积运算之前。在第一次扩展卷积前，采用LeakyReLU作为激活函数，它牺牲了梯度的硬零稀疏性，在参数优化过程中鲁棒性更高[131]。

LeakyReLU 函数如式（3-14）所示，式中，a 为漏损率，为［0，1］区间内的一个常数。TCN 模块的内部细节如图 3.12 所示。

$$\text{LeakyReLU}(x)=\begin{cases}x, & x\geqslant 0\\ ax, & x<0\end{cases} \tag{3-14}$$

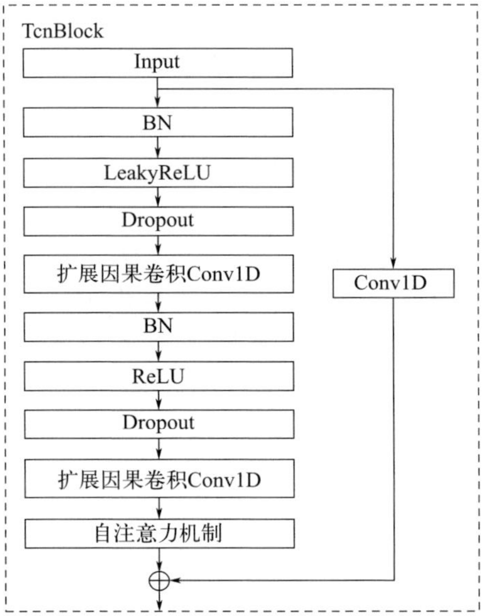

图 3.12　改进的 TCN 模块结构

将 SA 机制嵌入 TCN 中，更灵活地关注不同时间序列部分的重要有效特征信息，进行自适应学习，这对于复杂的轴承运行数据分析尤为重要。首先，轴承寿命受多种复杂因素影响，这些因素之间往往存在非线性关系。SA 机制通过学习输入序列内部各部分之间的复杂关系，能够有效处理非线性的时间序列特征。其次，SA 机制通过有效地学习序列中不同时间步长之间的关系，可以更准确地捕捉到不同时间段内轴承运行状态的变化。

3.3.3　SA 机制

注意力机制能够在处理信息时聚焦于其中的重要部分，从而忽略不相关的信息。在神经网络中，注意力机制通过给输入的不同部分分配不同的权重来模拟这一过程。这使得模型能够有选择性地关注输入中的某些部分，从而提升模型的性能。自注意力机制是一种特殊形式的注意力机制，在自注意力机制中，输入序列的每个元素都与序列中的其他元素进行关联。这意味着 SA 机制在计算每个元素的表示时，不仅依赖于当前元素，还通过与同一序列中的其他元素进行交互，从而获得更加丰富的语义信息。

SA 机制广泛应用于自然语言处理和深度学习模型中。其基本原理是为序列中的每个元素生成查询、键和值向量，通过计算查询与所有键的点积得到注意力分数，然后对这些分数进行归一化处理，获得相应的注意力权重，最后根据权重对值向量进行加权求和，从而得到与上下文相关的表示。这种机制不仅提高了模型的表达能力，还支持并行计算，显著提升了处理效率。

自注意力机制中的查询、键和值都来自同一输入序列。通过计算输入序列中每个元素与其他所有元素的相似度，模型可以决定哪些部分的上下文对当前元素最为重要。在自然语言处理中，自注意力常常用于捕捉句子中远距离单词之间的依赖关系，这对于处理长文本或复杂的语义结构尤其重要。自注意力机制的动态加权特性使得模型能够根据当前的输入信息自动调整每个元素的关注程度，从而更加灵活地捕捉上下文关系。相比传统注意力机制，自注意力机制能够在不同的输入条件下灵活地调整其表示，增强了对复杂语义结构的理解和建模能力。SA 机制使用 Softmax 点积自我注意，其定义如式（3-15）所示。SA 机制的模型结构如图 3.13 所示。

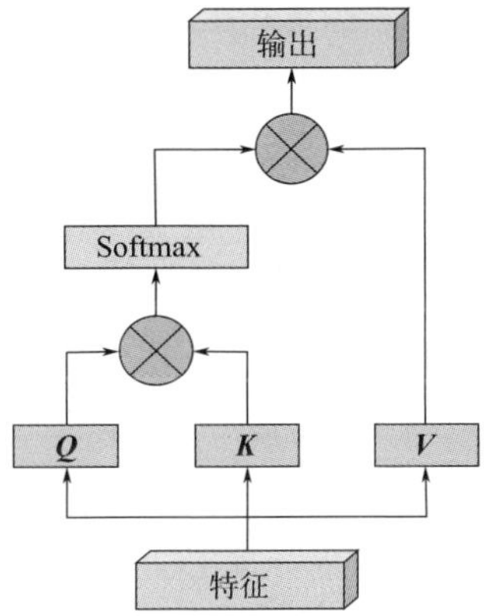

图 3.13　自注意力机制结构

$$\text{Attention}(\boldsymbol{Q},\boldsymbol{K},\boldsymbol{V})=\text{Softmax}\left(\frac{\boldsymbol{Q}\boldsymbol{K}^{\mathrm{T}}}{\sqrt{D_{\mathrm{k}}}}\right)\boldsymbol{V} \tag{3-15}$$

式中，$\boldsymbol{Q}$ 为查询矩阵；$\boldsymbol{K}$ 为键矩阵；$\boldsymbol{V}$ 为值矩阵；D_{k} 为各键的特征维度，用于权重缩放，经 Softmax 归一化至［0，1］区间。

3.3.4 Bi-GRU 网络结构

GRU 通过引入重置门和更新门来控制信息的传递，解决了传统 RNN 在处理长期依赖时容易出现的梯度消失问题。GRU 的主要特点是能够在每个时间步根据当前输入和前一时刻的状态，动态决定保留和丢弃的信息。这样，网络能够更高效地捕捉序列中的长期依赖性。与传统的 RNN 相比，GRU 能够更加灵活地应对长序列数据，因为它通过门控机制来调节信息流的强度。相比于 LSTM，GRU 具有更简单的结构，参数更少，计算效率更高，且训练速度更快。简化的设计使得 GRU 在许多任务中能够提供与 LSTM 相似的性能，同时减少了资源消耗。

Bi-GRU 是一种改进的循环神经网络结构，它结合了正向和反向两个 GRU 层，以便同时从序列的开始和结束处捕捉信息。这种双向处理方式使得模型能够全面理解上下文，从而在处理时间序列数据时表现出更强的能力。Bi-GRU 通过引入更新门和重置门，灵活地调节信息的流动，从而有效克服了传统 RNN 中的梯度消失问题。通过结合正向和反向的隐藏状态，Bi-GRU 能够生成更具表达力的输出，进而提升模型的整体性能。

为解决 TCN 不能捕获双向时间序列数据的问题，使用 Bi-GRU 网络进行最终的 RUL 预测。Bi-GRU 网络同时包含两个 GRU 模块，可以实现正向和逆向传播，从而有效地利用过去和未来的信息，更好地捕捉时间序列数据中前后双向的依赖关系。除此之外，Bi-GRU 网络还可以利用门控机制选择性地记忆和遗忘特定的序列信息，从而更精确地对轴承振动信号的变化过程进行建模。轴承的振动信号随时间变化，其寿命预测不仅依赖于当前的振动状态，还需要考虑历史状态和变化趋势。Bi-GRU 可以帮助模型更好地捕捉这种长期依赖关系，从而更准确地预测轴承的 RUL。Bi-GRU 的网络结构如图 3.14 所示。

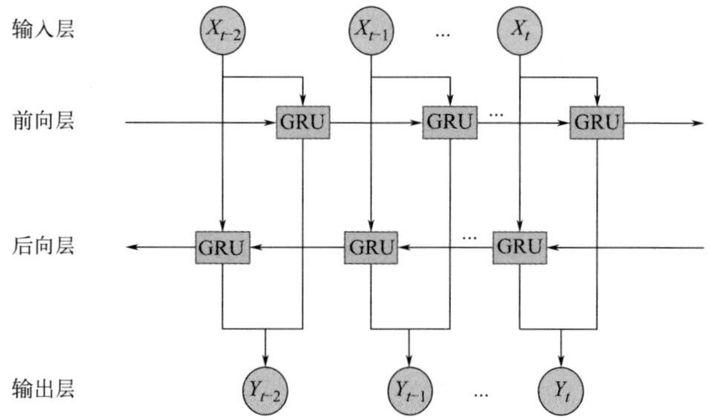

图 3.14　Bi-GRU 网络结构

3.4　基于 MA-MsTCN 的故障诊断模型

在时间序列数据中，不同尺度的特征依赖性对 RUL 预测具有不同的影响。然而，现有研究通常局限于单一时间尺度的特征提取，这会限制模型在捕捉多尺度相关性方面的表现。为了更有效地从时间序列中提取重要特征并捕捉多尺度的相关性，本节提出了一种基于 MA-MsTCN 的轴承 RUL 预测方法。所设计的 MA-MsTCN 预测模型包括两个关键阶段：数据重构和特征提取。首先，在数据重构阶段，模型引入 MA 来选择和重构不同时间步长的特征，突出对预测任务特别重要的时间步长特征。其次，MsTCN 用于获取多个尺度的时间特征，生成包含各种时间尺度的特征图。

网络输入是对来自水平和垂直方向振动传感器的原始振动信号进行预处理后的数据，包括数据归一化和标签重建，以确保输入模型数据的质量和准确性。数据流经一维扩展因果卷积层、一维最大池化层、MA 层、MsTCN 层、一维全局最大池化层和全连接层，最终输出 RUL 的预测值。Dropout 作为正则化方法，用于减少过拟合。MA-MsTCN 模型的结构如图 3.15 所示。

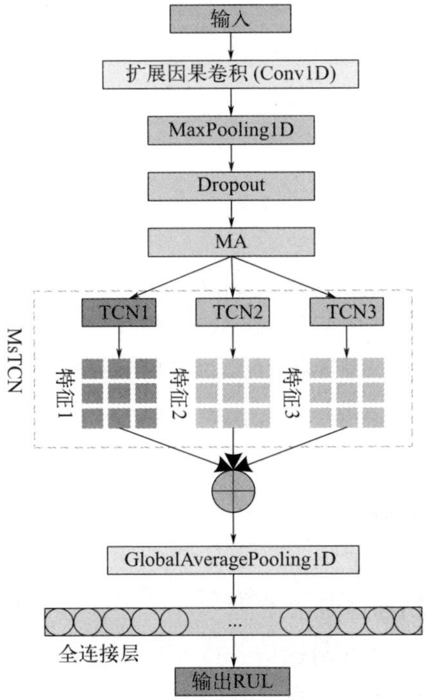

图 3.15 MA-MsTCN 模型结构

3.4.1 多头注意力机制

注意力机制应用于深度学习网络中，可以帮助模型更好地理解输入数据中不同部分之间的关系，从而提高模型的表现和解释能力。具体而言，通过引入可学习的权重，注意力机制可以使模型在不同的输入元素上动态分配不同的注意力权重。这种灵活性使得模型能够更有效地处理输入数据，从而更好地捕捉显性和隐性语境。

注意力机制被引入以解决神经机器翻译中的问题。在传统神经网络中，尤其是序列到序列模型中，编码器将输入序列压缩成一个固定长度的上下文向量，并将该向量传递给解码器。然而，固定长度的上下文向量在处理长序列时无法保留足够的上下文信息，导致模型性能下降。为了克服这一挑战，注意力机制为输入序列的每个元素分配动态权重，使模型在解码过程中可以灵活地“聚焦”于输入序列的不同部分。

具体而言，注意力机制通过计算查询与键之间的相似度来获得注意力分数。每个查询都与所有键进行比对，生成相应的注意力权重，然后将该权重应用于值的计算，得到加权平均值作为当前时刻的输出。这样，注意力机制使得每个输出不再依赖于单一的固定上下文向量，而是根据输入的不同部分进行动态调整，从而帮助模型更好地捕捉长期依赖关系。

多头注意力机制是对传统注意力机制的扩展，其核心思想是通过并行使用多个注意力头来提升模型的性能。单头注意力机制虽然可以动态地分配注意力权重，但它通常只能在一个子空间中进行计算，这限制了模型捕捉信息的能力。而多头注意力机制通过将查询、键和值映射到多个子空间，使得模型能够在多个子空间中独立计算注意力权重，并将这些结果合并，从而捕捉输入信息中不同方面和层次的依赖关系。

随着深度学习技术的快速进展，注意力机制和多头注意力机制已成为神经网络中的核心组件，特别是在自然语言处理和计算机视觉领域。注意力机制最初的目的是解决传统神经网络在处理长序列数据时遇到的信息瓶颈问题，而多头注意力机制则是对这一概念的拓展。通过并行计算多个注意力头，多头注意力机制提升了模型的表达能力。

传统的注意力机制通过计算查询与键之间的相似度，为输入数据分配不同的权重。而多头注意力机制通过并行计算多个注意力头来捕捉输入数据的不同特征，从而增强模型的信息处理能力。具体过程包括将输入的查询、键和值分别经过线性变换得到多个头的表示，然后对每个头独立计算注意力权重，最后将所有头的输出拼接并通过线性层进行整合。这种方法不仅提高了模型对复杂模式的理解，还允许并行计算，提高了训练效率。

注意力机制的计算过程相对直接，首先通过线性变换处理输入的查询、键和值，然后计算注意力权重并进行加权求和。相比之下，多头注意力机制通过多个头并行计算注意力权重，每个头使用不同的线性变换，这增加了计算的复杂性，但也使得模型能够获取更多的信息。单头注意力机制通常只能捕捉输入数据的某一方面，例如，在处理句子时，它可能只关注某个词与其他词的关系。而多头注意力机制通过并行计算多个注意力头，可以从不同维度捕捉输入数据中的多种信息。例如，一些头可能关注词汇关系，另一些头则可能关注语法或语义结构，从而增强模型的多样性和表达能力。

在 MA 机制中（查询 $\boldsymbol{Q}$、键 $\boldsymbol{K}$ 和值 $\boldsymbol{V}$），自注意力层（Self-Attention）的输出矩阵如式（3-16）所示。

$$\text{Attention}(\boldsymbol{Q},\boldsymbol{K},\boldsymbol{V})=\text{softmax}\left(\frac{\boldsymbol{Q}\boldsymbol{K}^{\text{T}}}{\sqrt{D_{\text{k}}}}\right)\boldsymbol{V} \tag{3-16}$$

式中，D_{k} 为各键的特征维度，用于权重缩放，经 softmax 归一化至 [0，1] 区间。本节使用的多头注意力为 8 个注意力头（head），每个注意力头的计算如式（3-17）所示。

$$\text{head}_i=\text{Attention}(\boldsymbol{Q}\boldsymbol{W}_i^{(q)},\boldsymbol{K}\boldsymbol{W}_i^{(k)},\boldsymbol{V}\boldsymbol{W}_i^{(v)}) \tag{3-17}$$

式中，$\boldsymbol{W}_i^{(q)}$、$\boldsymbol{W}_i^{(k)}$、$\boldsymbol{W}_i^{(v)}$ 分别为 $\boldsymbol{Q}$、$\boldsymbol{K}$、$\boldsymbol{V}$ 的权重矩阵；head_i 为多头注意力中的第 i 个头。多头注意力最终的输出结果如式（3-18）所示。

$$\text{MultiHead}(\boldsymbol{Q},\boldsymbol{K},\boldsymbol{V})=\text{Concat}(\text{head}_1,\cdots,\text{head}_8)\boldsymbol{W}^{\text{o}} \tag{3-18}$$

式中，$\boldsymbol{W}^{\text{o}}$ 为线性映射的权重；Concat 为拼接操作。多头注意力的模型结构如图 3.16 所示。

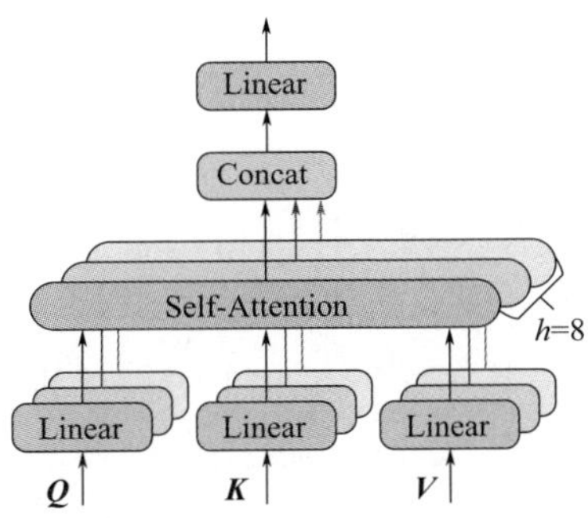

图 3.16　多头注意力模型结构

3.4.2　多尺度时间卷积网络

TCN 是一种专门设计用于处理序列数据的深度学习架构，其核心优势在于通过因果卷积和扩展卷积来高效捕捉时间依赖关系。因果卷积确保当前时刻的输出仅依赖于当前及之前的输入，避免了“窥视未来”的问题，从而保持了时间序列的顺序性，使得模型能够准确模拟现实世界中的因果关系。扩展卷积则通过在卷积核元素之间插入空洞，增加感受野的同时不增加计算复杂度，从而有效捕捉长程时间依赖，特别适用于长时间序列的建模。TCN 还具备并行计算能力，与传统的 RNN 相比，能够显著提高训练效率，特别是在处理大规模数据时表现出色。此外，TCN 采用残差连接，通过将输入信息直接加到卷积层的输出中，缓解了深度网络中常见的梯度消失问题，增强了模型的稳定性并加快了收敛速度。这些特点使得 TCN 在时间序列预测领域展现了优异的性能，成为处理序列数据的重要工具。

TCN 的一个主要缺点在于其依赖固定的扩展卷积来捕捉时间序列的长期依赖关系。尽管扩展卷积通过在卷积核元素之间插入空洞，能够有效地扩大感受野并处理较长时间跨度的数据，但其设计思想仍然侧重于单一尺度的特征提取。这意味着 TCN 在捕捉多尺度信息时可能存在一定的局限性。在一些应用中，数据的变化可能涉及多个时间尺度，而单一尺度的 TCN 可能无法充分捕捉这些不同时间尺度的特征，从而影响模型的表现。

虽然 TCN 在许多时间序列预测任务中表现出色，但在处理具有复杂动态和多重时间尺度的数据时，其泛化能力可能受到一定制约。传统的 TCN 设计主要通过扩展卷积来扩展感受野，但这种方法可能不足以应对在同一序列中同时存在不同变化速率和时间尺度的复杂情况。尽管 TCN 在捕捉长期依赖关系方面非常有效，但其架构并未充分考虑到时间序列数据中可能存在的多重时间尺度。不同时间尺度的变化通常包含不同的动态特征，而单一的扩展卷积模式难以同时有效提取这些多尺度特征。

MsTCN 是一种基于 TCN 的变体结构，它引入了多尺度卷积运算来捕捉不同时间尺度序列中的特征。MsTCN 由 3 个平行的 TCN 分支组成。每个 TCN 采用充分预激活，将 BN 层和 ReLU 激活函数放置在扩展因果卷积之前。在第一次扩展卷积前，采用 LeakyReLU 作为激活函数，它牺牲了梯度的硬零稀疏性，在参数优化过程中鲁棒性更高。每个分支的 TCN 使用不同长度的基础卷积核，3 个分支的卷积核的长度分别设置为 1、5 和 13，从时间序列数据中提取小尺度、中尺度和大尺度的特征。这种多分支结构使得 MsTCN 能够在不同时间尺度上充分挖掘输入序列中的信息，从而提升模型对时间序列特征的表征能力和预测性能。MsTCN 模型的结构如图 3.17 所示。

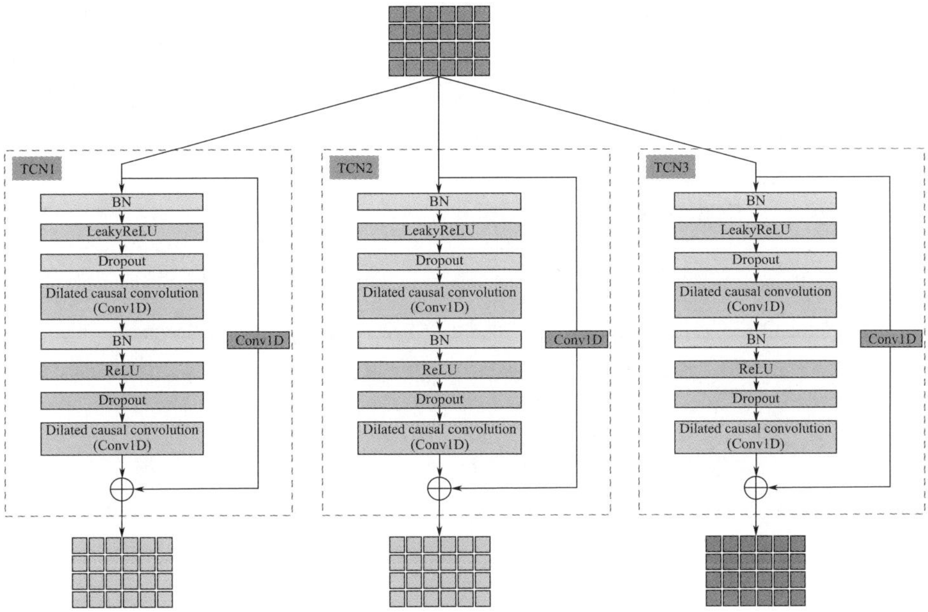

图 3.17　MsTCN 模型结构

3.5　基于 MCA-TCN-MA 的故障诊断模型

作为旋转机械系统中的关键组成部分，滚动轴承剩余使用寿命（RUL）的准确预测在确保系统稳定性和降低维护成本方面具有至关重要的意义。鉴于轴承物理退化过程的复杂性，轴承寿命预测的准确性需要提高。目前融合注意力机制的方法只关注单一尺度的注意力特征，而忽略了其他尺度的信息。为了解决这个问题，本节提出了一种数据驱动的端到端 RUL 预测框架，该框架采用由多尺度卷积注意力（MCA）机制和多头注意力（MA）机制增强的时间卷积网络（TCN）来实现滚动轴承的 RUL 预测。MCA 通过将不同尺度的卷积特征与注意力机制相结合，突出了那些特别重要的特征，从而提高了 TCN 的特征提取效率。将 MA 机制集成到 TCN 中以提取关键特征，可以全面捕获不同频率范围内的时间序列特征，并减少噪声干扰。

网络的输入是一个二维张量，包含来自传感器在水平和垂直方向上的振动数据。数据穿过扩展的因果 Conv1D 层、一维（1D）最大池化层、MCA 机制层、两个具有不同参数的堆叠 TCN 块、1D 全局平均池化层和全连接（FC）层。最终输出是预测的 RUL 值。1D 最大池化层和

1D 全局平均池化层可以降低特征维数，降低计算复杂度，减少模型的参数数量，并在一定程度上降低计算成本。正则化是通过 Dropout 实现的，以减轻过拟合；LeakyReLU 和 ReLU 充当激活函数。整体网络架构如图 3.18 所示。

3.5.1 多尺度卷积注意力机制

在深度学习网络中应用注意力机制可以帮助模型更好地理解输入数据不同部分之间的关系，从而提高模型的性能和解释能力。通过引入可学习的权重，注意力机制使模型能够动态地为不同的输入元素分配不同的注意力权重，从而使模型能够更灵活地处理输入数据并捕获显式和隐式上下文。目前使用的注意力大致可分为两类：ReLU 线性注意力和 Softmax 注意力。ReLU 线性注意力通过线性组合和 ReLU 激活函数处理输入，强调零以上的特征，而 Softmax 注意力通过计算相似性并使用 Softmax 函数将其转换为概率分布来强调输入之间的相对性和重要性。由于缺乏非线性相似性计算，ReLU 线性注意力无法产生不同的注意力分布，导致其捕捉复杂关系和长期依赖关系的能力较弱。因此，本节所提出的 MCA 使用 Softmax 注意力机制，其结构如图 3.19 所示。

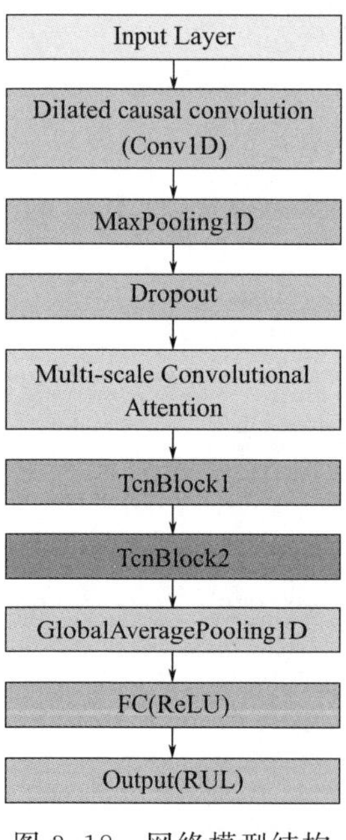

图 3.18 网络模型结构

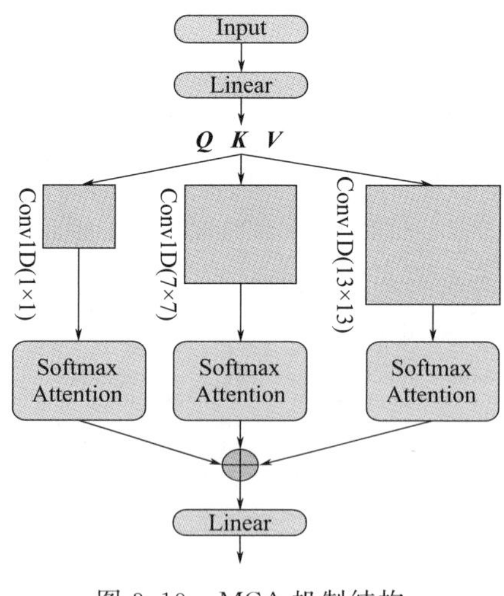

图 3.19 MCA 机制结构

首先，通过线性投影层生成输入特征的线性表示。接下来，从这些线性表示中获得查询（$\boldsymbol{Q}$）、键（$\boldsymbol{K}$）和值（$\boldsymbol{V}$）。随后，使用不同的核卷积生成多尺度特征。Softmax 注意力应用于多尺度标记，输出被连接并馈送到最终的线性投影层进行特征融合。

给定一个输入 $x \in \mathbb{R}^{N \times f}$，Softmax 注意具有以下形式：

$$O_i = \sum_{j=1}^{N} \frac{\mathrm{Sim}(\boldsymbol{Q}_i, \boldsymbol{K}_i)}{\sum_{j=1}^{N} \mathrm{Sim}(\boldsymbol{Q}_i, \boldsymbol{K}_i)} V_j \tag{3-19}$$

$$\mathrm{Sim}(\boldsymbol{Q}, \boldsymbol{K}) = \exp\left(\frac{\boldsymbol{Q}\boldsymbol{K}^{\mathrm{T}}}{\sqrt{d}}\right) \tag{3-20}$$

式中，$\boldsymbol{Q} = x\boldsymbol{W}_Q$，$\boldsymbol{K} = x\boldsymbol{W}_K$，$\boldsymbol{V} = x\boldsymbol{W}_V$，$\boldsymbol{W}_Q / \boldsymbol{W}_K / \boldsymbol{W}_V \in \mathbb{R}^{f \times d}$ 为可学习的线性投影矩阵；Q_i 为矩阵 $\boldsymbol{Q}$ 的行；Sim（ ）为相似函数。

具体而言，首先对输入特征图进行多尺度卷积运算，以提取不同尺度的特征信息。随后，通过 Softmax 注意力机制，评估每个通道的重要性权重，以加强关键特征并抑制冗余信息。最后，对每个尺度上的特征进行加权和整合，形成更精细的特征表示，以提高模型在预测任务中的性能。

3.5.2 改进的时间卷积网络

TCN 采用预激活残差连接方案，其中批量归一化（BN）和激活函数都先于扩展因果卷积运算。在初始扩展卷积之前，LeakyReLU 作为激活函数，增强了参数优化过程中的鲁棒性。TCN 块的内部结构如图 3.20 所示。

在 TCN 中引入多头注意力机制，能够显著提升轴承寿命预测模型的性能，尤其是在复杂工业场景下对退化特征提取、噪声鲁棒性和长时序依赖建模等关键环节具有独特优势。轴承寿命预测的核心挑战在于从高噪声、非平稳的传感器数据（如振动、温度信号等）中捕捉微弱的早期故障特征，并建立其与整体退化趋势的关联。传统 TCN 通过扩展卷积扩大感受野，但其固定权重的局部卷积操作可能忽略稀疏但关键的时间点信息，且在跨工况数据中的泛化能力有限。而多头注意力机制的引入，通过动态权重分配、多维度特征交互和全局依赖建模，为这一任务提供了更灵活的解决方案。多头注意力机制模型的结构如图 3.21 所示。

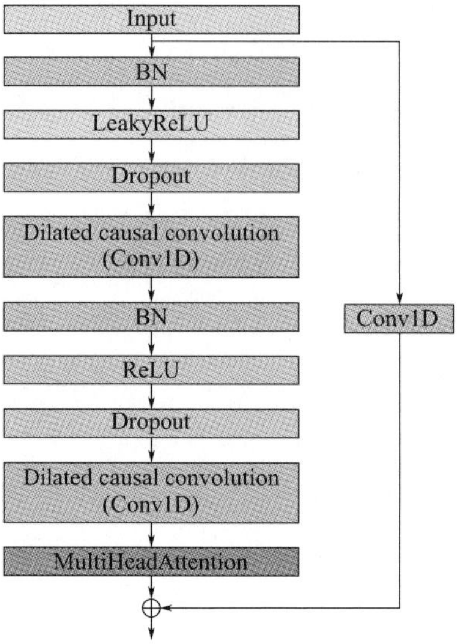

图 3.20　TCN 块的内部结构

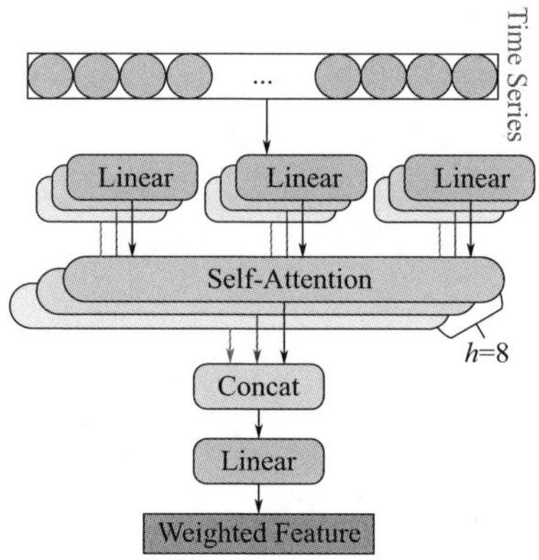

图 3.21　多头注意力机制模型结构

首先，多头注意力机制能够增强模型对关键时间点的动态捕捉能力。轴承退化过程中的重要事件（如初始裂纹产生）往往表现为瞬态信号特征（如高频冲击成分或异常温度峰值），这些特征在时间序列中可能被噪声掩盖或分散在不同频段中。多头注意力通过并行计算多个子空间的注意力权重，能够同时聚焦不同时间尺度下的异常模式。例如，某一注意力头可能捕捉到某时刻振动信号的短时能量突增，而另一注意力头则关注温度信号的缓变趋势，两者的协同作用可更早地识别退化拐点。

其次，多头注意力机制有效解决了多尺度时序特征融合的难题。轴承退化过程通常包含局部快速磨损与全局渐进式性能衰减的耦合效应。传统TCN 依赖堆叠扩展卷积层来扩展感受野，但层级间信息传递可能导致细节丢失。而多头注意力允许模型在不同时间跨度上直接建立关联。例如，一个注意力头可分析局部时间窗口内振动信号的频谱相关性，另一个注意力头则建立全序列温度与振动特征的跨模态关联。这种并行处理机制不仅减少了模型对深层卷积结构的依赖，还能在单一网络层中实现多分辨率特征的有机融合。

此外，该架构还显著提升了噪声鲁棒性与工况泛化性。工业现场数据常包含随机脉冲干扰、传感器漂移等噪声，传统 TCN 的局部卷积可能会放大局部噪声的影响。多头注意力通过全局上下文建模，能够区分真实退化特征与孤立噪声点。例如，当某时间点的振动幅值异常升高时，注意力机制会结合前后时间段的趋势判断其是否为持续性故障信号，而非瞬态干扰。同时，多头注意力机制赋予模型动态适应不同工况的能力——在高负载场景下，模型可自动增强对温度特征的关注权重；在变转速工况中，则侧重分析振动信号的时频特性。实际案例表明，在风电轴承监测中，混合模型在未知工况下的寿命预测误差比纯 TCN 模型降低了 18%，显示出更强的环境适应性。

针对长程依赖建模的信息衰减问题，多头注意力机制提供了更直接的解决方案。尽管 TCN 通过指数扩展的扩展卷积覆盖长序列，但随着网络深度的增加，早期时间步的细粒度特征可能在高层逐渐稀释。而注意力机制允许任意两个时间步直接交互，例如，将轴承初始化阶段的特征与寿命终止前的状态进行跨阶段对比，从而捕捉退化轨迹的整体形态。通过残差连接将注意力输出与 TCN 特征融合，模型既能保留卷积层提取的局部细节，又能利用注意力构建的全局退化路径。

最后，该架构增强了模型的可解释性，为工业决策提供可靠依据。通过可视化不同注意力头的权重分布，工程师可定位影响预测结果的关键时间点（如特定时刻的异常振动峰值），并与实际维护记录进行交叉验证。例如，在某航空发动机轴承案例中，高注意力权重区域与润滑油更换周期、异常停机事件高度吻合，这既验证了模型逻辑的合理性，也为故障原因分析提供了线索。此外，不同注意力头可对应不同的物理意义解释，如某一头专注于时域统计特征（均方根值、峰度），另一头侧重频域成分（共振频率偏移），这种多维度证据的呈现大幅提升了预测结果的可信度。

第 4 章

机械故障诊断的数据采集平台与评价指标

4.1 刀具数据采集平台

本章使用 PHM2010 刀具磨损数据集对模型的性能进行评估。该数据集的采集是以工件为试验对象，采用 6 把三头硬质合金铣刀（C1～C6）进行铣削试验。铣刀的结构如图 4.1 所示，试验设备如表 4.1 所示，加工参数如表 4.2 所示。

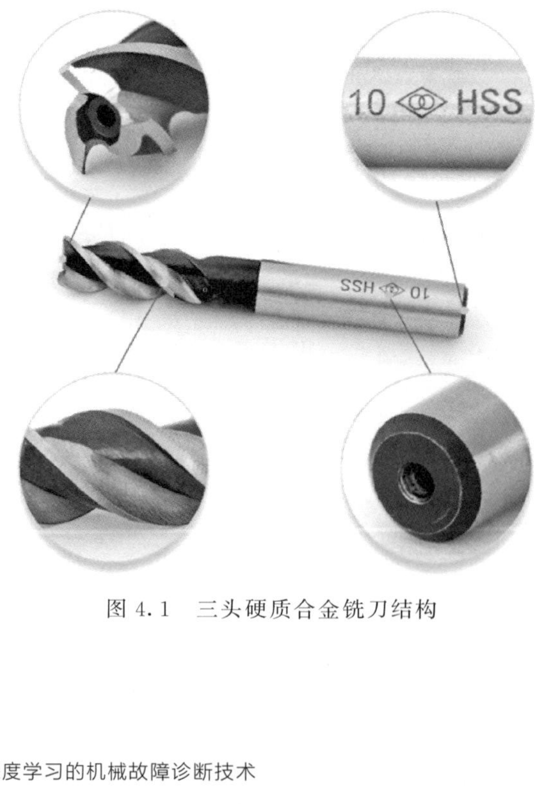

图 4.1　三头硬质合金铣刀结构

表 4.1　试验设备

设备	型号
机床	Roders Tech RFM 760
力信号传感器	KSITLER 三维测力计
振动信号传感器	KSITLER 压电加速度计
声发传感器	KSITLER 声发射传感器
信号放大器	KSITLER 电荷放大器
数据采集器	NI DAQ PCI 1200
显微镜	LEICA MZ12
铣削刀具	三头硬质合金铣刀

表 4.2　试验加工参数

主要参数	值
主轴转速/(r/min)	10400
进给速度/(mm/min)	1555
X 向切割深度/mm	108
Y 向切割深度/mm	0.125
Z 向切割深度/mm	0.2
铣削方式	顺铣
冷却方式	干切
工件材料	不锈钢 HRC52

利用力（F）、振动（V）和声发射（AE）传感器采集切削过程中刀具磨损产生的电信号，传感器安装位置如图 4.2 所示。在工作站与待加工物体之间设置 KISTLER 三维测力装置，以测量切削过程中三轴上的力。同时，为了跟踪刀具加工过程中的振动信号，KISTLER 压电加速度计被安装在工件上，监测三轴方向的振动。此外，为了追踪切削过程中产生的高频应力波，还在工件上安装了 KISTLER 声发射传感器。利用 KISTLER 电荷放大器增加传感器的输出信号，并利用 NI DAQ PCI 1200 以 50kHz 的采样频率采集信号，信号如图 4.3 所示。在 X 方向完成 108mm 的端面铣削后，使用 LEICA MZ12 显微镜离线评估刀具后面磨损状态。记录刀具 315 次切割的数据，如图 4.4 所示。

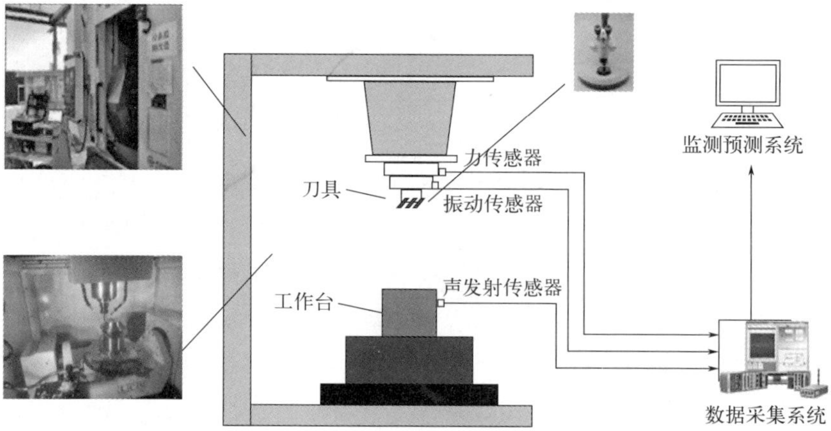

图 4.2 铣削试验设备与结构

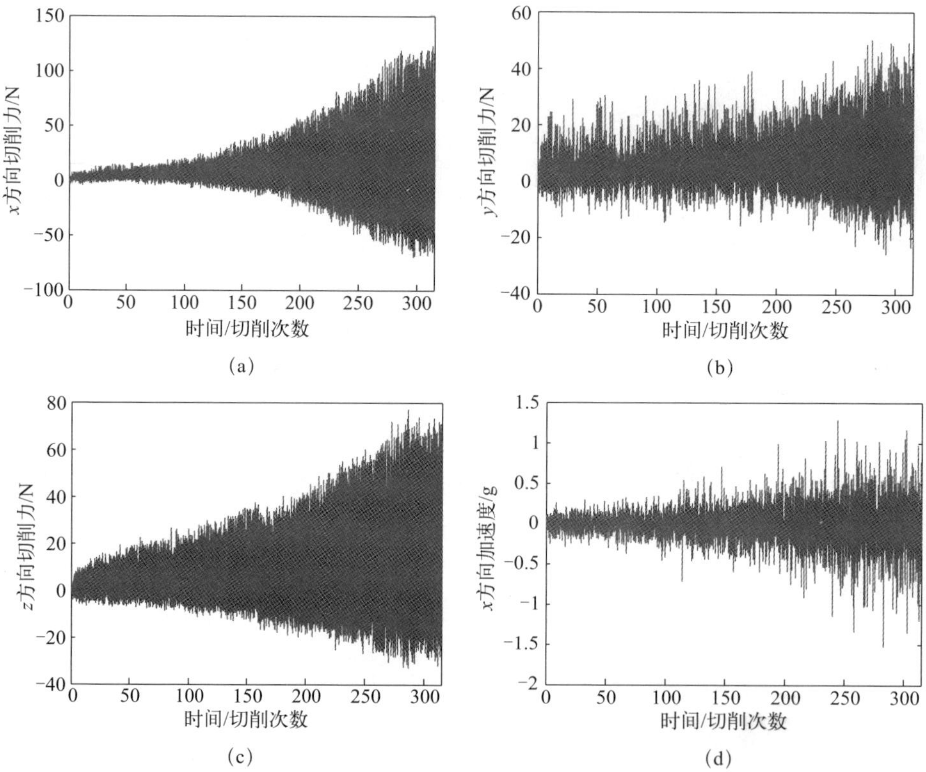

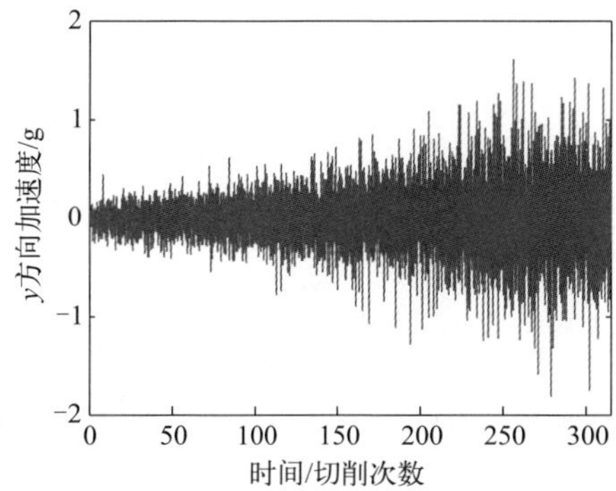

(e)

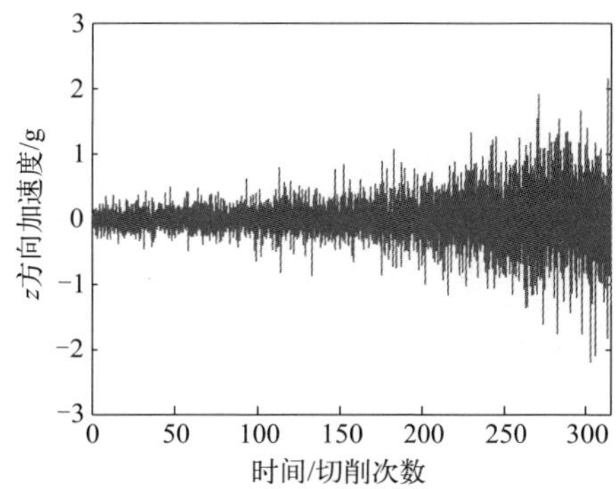

(f)

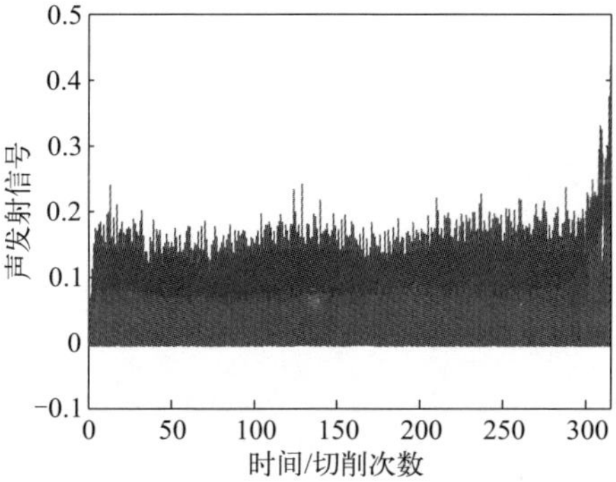

(g)

图 4.3　原始信号

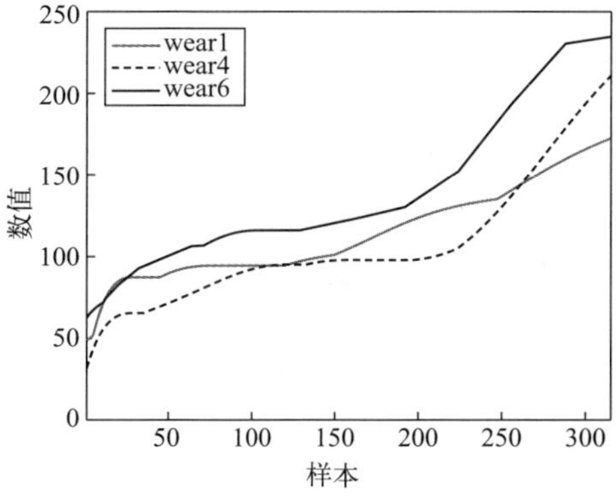

(a) 最大磨损值

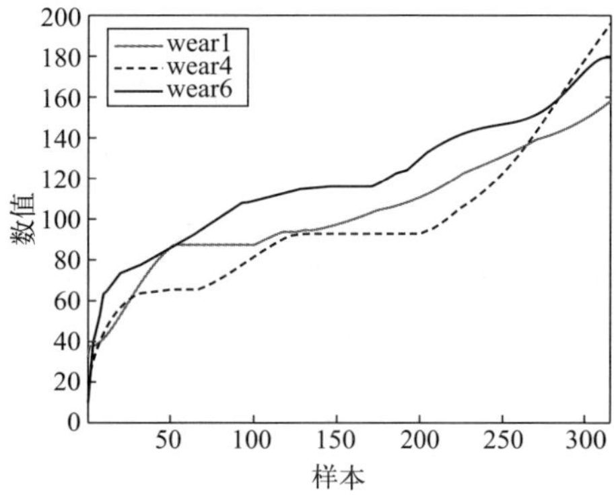

(b) 最小磨损值

图 4.4　磨损值变化

4.2 轴承数据采集平台

采用 PHM 2012 轴承数据集进行试验验证。PHM 2012 数据集是由 FEMTO-ST 研究所发布的轴承从初始正常状态运行到故障状态的数据集。该数据集是在 PRONOSTIA 加速老化平台上采集的，如图 4.5 所示。PRONOSTIA 系统由三个核心部分组成：旋转部分、退化生成部分和测量部分。旋转部分包括带变速箱的异步电机及其两根轴，一根靠近电机，另一根位于增量编码器一侧。退化生成部分的组件集成在同一块铝板上，通过薄聚合物层与其他仪器部件隔离。铝板支撑气动千斤顶、垂直轴及其杠杆臂、力传感器、测试轴承夹紧环、轴承支撑组件、两个抱枕块及超大轴承。测量部分通过监测施加在轴承上的径向力、轴的旋转速度和施加扭矩的瞬时值来进行评估。

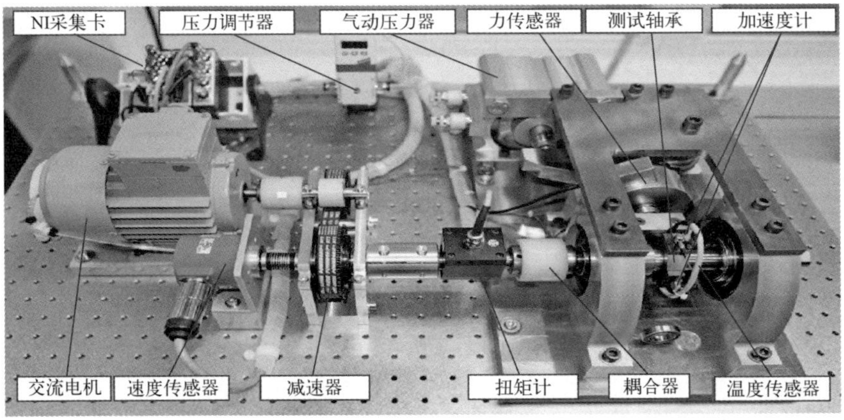

图 4.5　PRONOSTIA 实验平台装置

PHM 2012 轴承数据集记录了滚动轴承从正常运行到故障发生期间的退化过程。振动数据通过两个微型加速度计分别在水平和垂直方向采集，每个方向的采样频率为 25.6kHz。每 10s 采集一次 0.1s 的数据，得到 2560 个样本。为了保证实验的安全，当振动信号的幅值超过 2V 时停止测试[132]。数据集的详细描述如表 4.3 所示。

表 4.3　PHM 2012 数据集中的轴承

工况	转速/(r/min)	负载/N	轴承编号
工况 1	1800	4000	B1-1～B1-7
工况 2	1650	4200	B2-1～B2-7

本节在工况 1 和工况 2 下各进行了 7 个轴承的测试仿真试验。其中，工况 1 和工况 2 下的轴承 1 和轴承 2 的原始振动数据分别如图 4.6 和图 4.7 所示。

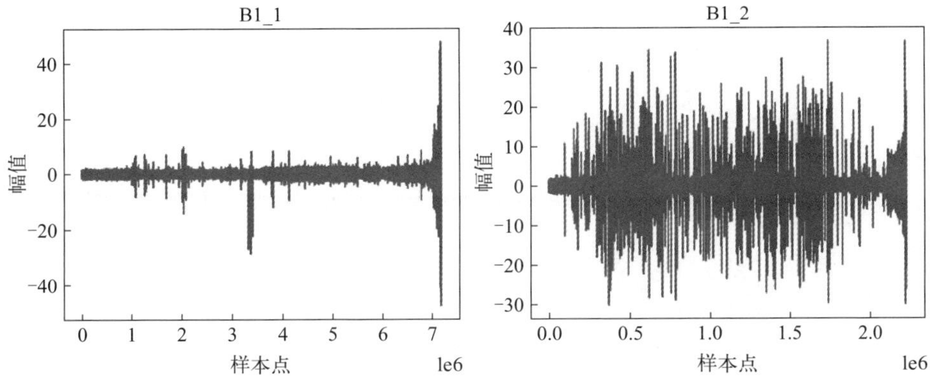

图 4.6　工况 1 的轴承 1 和轴承 2 的全寿命振动信号

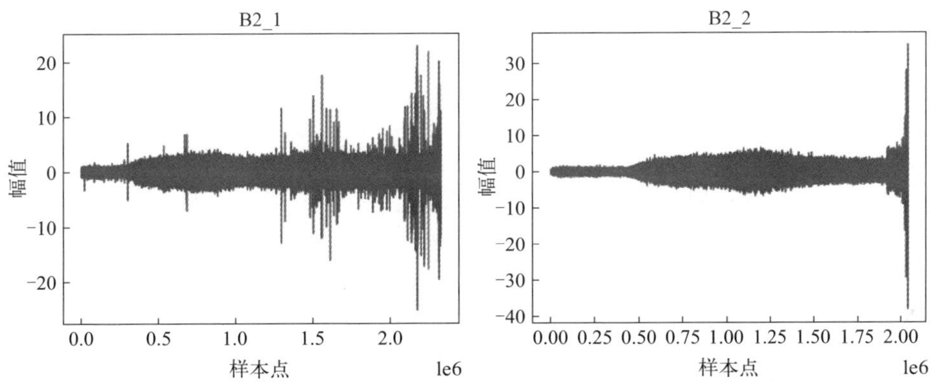

图 4.7　工况 2 的轴承 1 和轴承 2 的全寿命振动信号

4.3　评价指标

为验证模型的预测效果，使用评价指标进行性能评估，包括平均绝对误差（MAE）、均方根误差（RMSE）、秩相关系数（R^2）和设计的得分函数（Score）等指标。

MAE 和 RMSE 的计算见式（4-2）和式（4-3），R^2 的计算见式（4-4）。

$$E_t = \mathrm{RUL}_t - \overline{\mathrm{RUL}_t} \tag{4-1}$$

$$\mathrm{MAE} = \frac{1}{n}\sum_{t=1}^{n} |E_t| \tag{4-2}$$

$$\mathrm{RMSE}=\sqrt{\frac{1}{n}\sum_{t=1}^{n}(E_t)^2} \tag{4-3}$$

$$\mathrm{R}^2=\frac{\sum(y_k^{\mathrm{pre}}-y_k)^2}{\sum(y_k-\overline{y}^{\mathrm{pre}})^2} \tag{4-4}$$

式中，RUL_t 为时刻 t 滚动轴承的真实 RUL 值；$\overline{\mathrm{RUL}_t}$ 为时刻 t 滚动轴承的预测 RUL 值；n 为测试集中的样本个数；y_k 为实际数据；y_k^{pre} 为监测数据；$\overline{y}^{\mathrm{pre}}$ 为监测数据的均值；n 为测试样本的数量。

在实际的工作场景中，低估 RUL 的早期预测值或高估 RUL 的后期预测值，都会对设备运行产生不利影响。低估可能导致设备过早停机，而高估则可能导致设备故障，甚至危及操作人员的安全。为了客观、全面地评价预测模型，在设计评分函数时需考虑低估、高估以及机械设备生命周期中不同阶段的影响。

对 PHM2012[132] 中的评分函数进行改进，如式（4-5）所示。

$$A_t=\begin{cases}\exp\left[-\ln(0.7)\times\left(\dfrac{E_t}{15}\right)\right], E_t\leqslant 0\\ \exp\left[\ln(0.7)\times\left(\dfrac{E_t}{60}\right)\right], \quad E_t>0\end{cases} \tag{4-5}$$

式中，A_t 是时间步长为 t 时的预测值与实际的 RUL 值之间的加权误差；$E_t\leqslant 0$ 表示高估（即 RUL 的后期预测）；$E_t>0$ 表示低估（即 RUL 的早期预测）。

最终模型的得分函数见式（4-6）。在本节中，$\alpha_1=0.3$，$\alpha_2=0.7$，$M=N/2$，即后半期的 RUL 预测值要比前期更有说服力、更有意义[133]。

$$\mathrm{Score}=\alpha_1\frac{1}{M}\sum_{t=1}^{M}A_t+\alpha_2\frac{1}{N-M}\sum_{t=M+1}^{N}A_t \tag{4-6}$$

式中，N 为总时间步长；M 为早期阶段占整个阶段的百分比；α_1 和 α_2 分别为前期和后期的权重。

Score 的值在（0，1）区间内，其值越高表示模型的性能越好。

第 5 章

深度学习技术在机械故障诊断中的应用

5.1 故障识别问题中的不平衡数据处理方法

在故障识别问题中，为了解决故障情况下采集数据造成不同类别数据之间失衡的问题，需要预先对数据进行不平衡处理。在过采样算法中，比较经典的是 SMOTE 算法，以下重点阐述基于 SMOTE 方法的两种变体方法：三角形六线 SMOTE 方法（TriSixSMOTE）和改进的有限元 SMOTE 方法（IFE-SMOTE）。

5.1.1 SMOTE 方法

SMOTE 算法的基本思想是对少数类样本进行分析，并基于这些样本生成新的合成样本，以增加少数类样本的数量，从而达到数据集的平衡。这种方法通过对少数类样本插值来生成新的样本。具体而言，SMOTE 算法通过以下步骤实现。

① 计算 K 近邻。对于每个少数类样本，通过计算欧氏距离来计算其 K 近邻。

② 随机选择近邻。从每个少数类样本的 K 近邻中随机选择一个样本。

③ 生成合成样本。在选定的少数类样本和其随机选择的近邻之间，通过线性插值生成新的合成样本，将其作为一个新实例添加到少数类中。

5.1.2 三角形六线 SMOTE 法

三角形六线 SMOTE（TriSixSMOTE）方法[134] 在原始空间为每个正

样本构建一个广义三角形，使生成的新样本填充在三角形三条中线靠近重心的两侧。因其分别分布在重心与三个顶点、三边中点所连接的线段上，故称为六线，如图 5.1 所示。

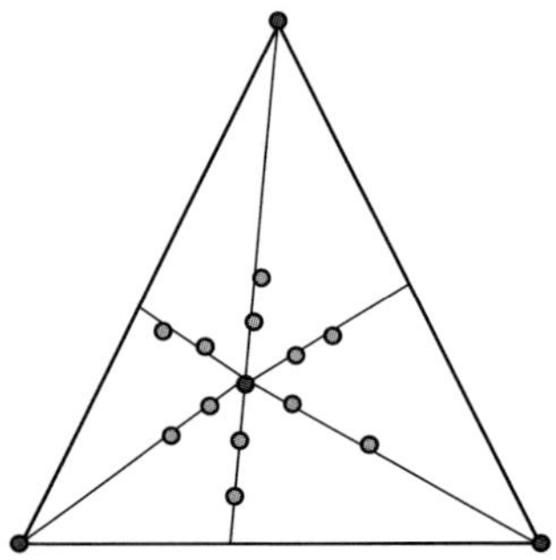

图 5.1　TriSixSMOTE 在二维空间合成新样本

该方法旨在使合成新样本的数学期望等于该三角形中心点的数学期望，以拟合正样本的局部密度分布。同时，为了使生成样本具有与原始样本更相似的特征，考虑方差这一数字特征，引入方差调节因子，调节因子意在保持以下两方面的平衡：一方面使生成样本的方差更接近于广义三角形中心的方差，另一方面注意保持新样本的多样性，防止过拟合，提高学习模型的泛化能力。

图 5.2～图 5.4 给出了四种过采样方法在七个不平衡数据集上的 G-mean、F-measure 和 AUC 值的对比结果。整体而言，TrSixSMOTE 在复杂数据集中的分类精度更高，并且优化了数据分布的平衡性，提升了后续分类模型的泛化能力。

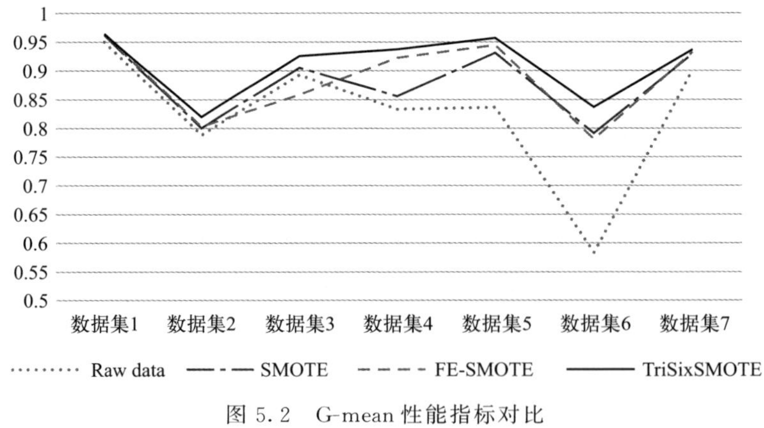

图 5.2　G-mean 性能指标对比

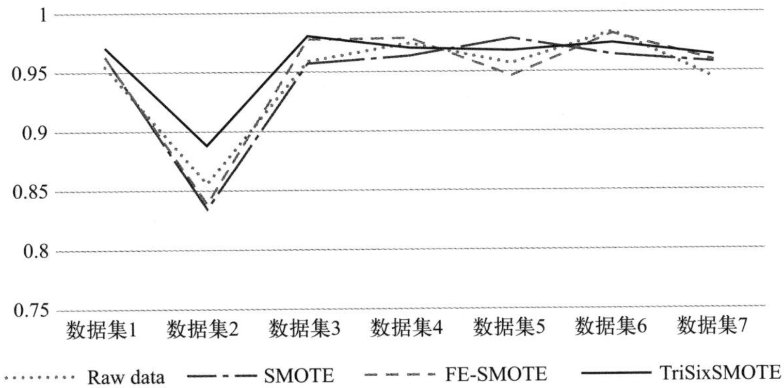

图 5.3 F-measure 性能指标对比

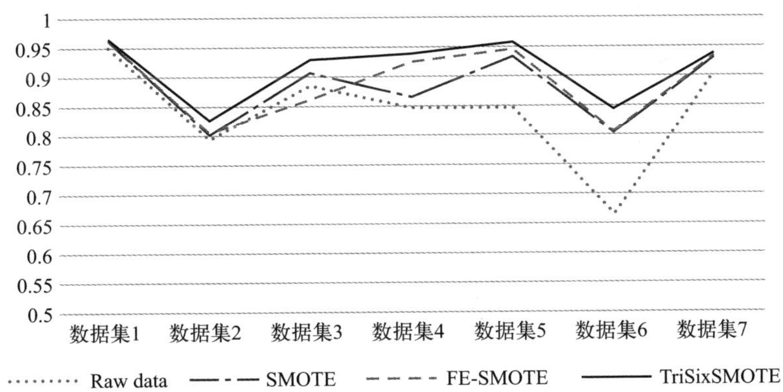

图 5.4 AUC 性能指标对比

5.1.3 IFE-SMOTE 方法

IFE-SMOTE 方法在原始空间为每个正样本及其邻居构建一个单纯形，使生成的新样本填充在三角剖分的内部及边界区域，且新样本的数学期望等于该三角基本单元中心的数学期望，以拟合正样本的局部密度分布。以下是对 IFE-SMOTE 算法的简要描述。

① 构建基本单元。

② 对 d 维空间中的 $d+1$ 边多面体进行三角剖分。

③ 确定在三角形单元上生成的样本数。

④ 合成新样本。

在 d 维空间中，对于由任意 $d+1$ 个样本所构成的单纯形，按照 IFE-SMOTE 算法生成的样本的期望值等于该基本单元质心的期望值。

为了使生成样本具有与原始样本更相似的特征，考虑方差这一数字特征，使生成样本的方差和期望均接近于三角基本单元中心的方差和期望。在IFE-SMOTE 方法[135] 中，新样本在剖分后的三角形元素内按图 5.5 和图 5.6 的方式生成。

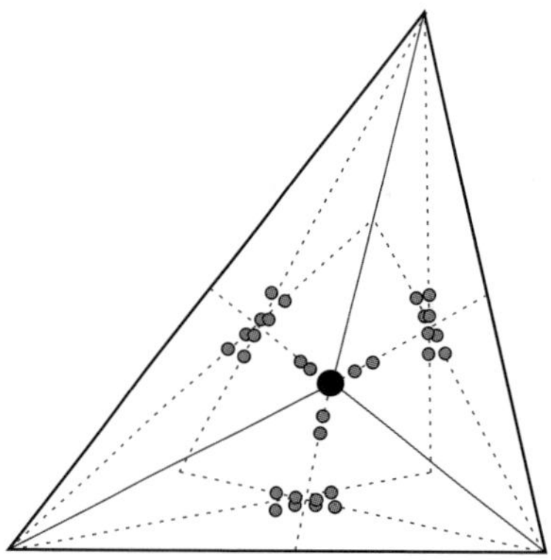

图 5.5　IFE-SMOTE 在二维空间合成新样本

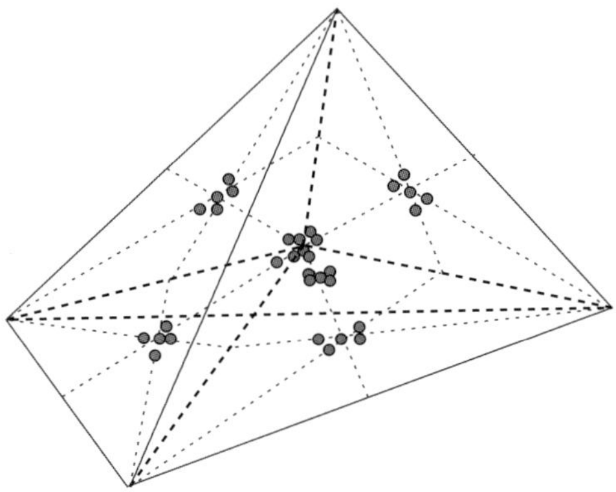

图 5.6　IFE-SMOTE 在三维空间合成新样本

如图 5.5 和图 5.6 所示，三角形或四面体的顶点为样本点，这些顶点构成一个三角形或四面体的基本单元，灰色点为新合成的点。该方法在以下两方面做了探索和改进。

① 在对样本空间进行三角剖分后，没有以整个三角形区域为范围生成新样本，而是定义了新的生成方式，即在三角单元中线上指定点的邻域内生成样本。

② 新样本的期望和方差更接近于原始少数类样本的期望和方差。上述指定点的位置由一个参数控制，通过求解一个简单的优化问题给出了参数在不同中线上的最优取值，新样本的期望和方差更接近于原始少数类样本的期望和方差。

该方法既向外探索了新样本的生成空间，又有规则地限定了其生成范围，使其保留了 IFE-SMOTE 的优势，又对其进行了拓展，使得新样本的方差也近似等于所构建基本单元中心的方差。

图 5.7～图 5.9 给出了 9 种过采样方法在 8 个不平衡数据集上的 G-mean、F-measure 和 AUC 值对比结果。图中，每个数据集上从左到右的采样方法依次为：Raw data、SMOTE、Borderline-SMOTE、ADASYN、RandomOverSampler、KMeansSMOTE、SMOTENC、FE-SMOTE、IFE-

SMOTE。整体而言，IFE-SMOTE 方法能够较好地平衡数据集，并在后续的训练学习中取得较好的分类效果。

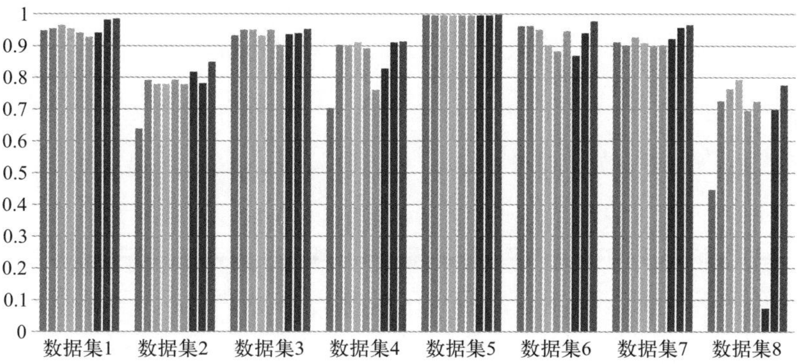

图 5.7　G-mean 性能指标对比

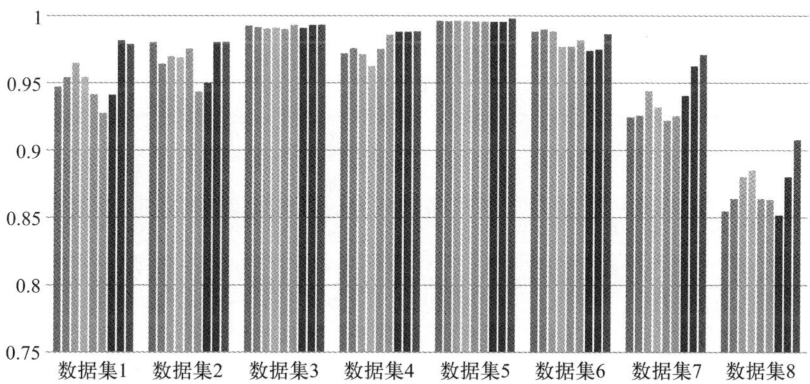

图 5.8　F-measure 性能指标对比

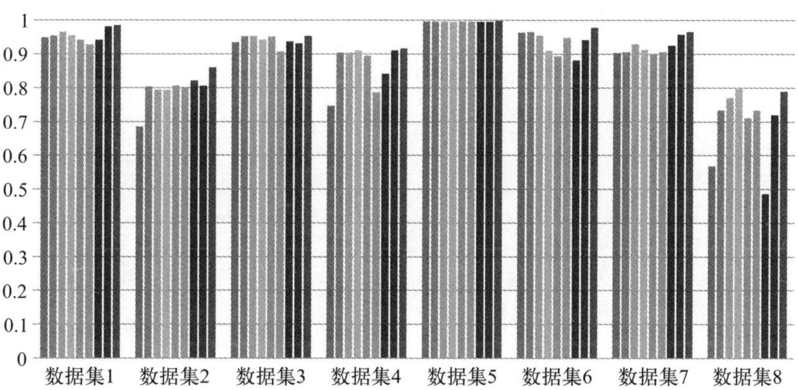

图 5.9　AUC 性能指标对比

5.2 深度学习技术在刀具故障诊断中的应用

5.2.1 基于特征处理和 BiLSTM 故障诊断模型的刀具应用

基于特征处理和 BiLSTM 模型，采用贝叶斯优化训练模型的相关参数，贝叶斯优化参数范围如表 5.1 所示。

表 5.1 贝叶斯优化参数范围

变量	描述	范围
NumOfUnits	BiLSTM 隐藏层数	[10,30]
InitialLearnRate	初始学习率	$[1\times10^{-3},1]$
L2Regularization	最佳 L2 正则化系数	$[1\times10^{-10},1\times10^{-2}]$

BiLSTM 模型的相关参数如表 5.2 所示。

表 5.2 BiLSTM 模型训练参数

变量	值	描述
Epoch	500	训练轮数
Batch size	24	批量大小
Step size	850	学习率下降轮次
Gamma	1	学习率调整倍数
Dropout	0.5	丢弃比例

本实验使用交叉验证，数据集的划分如表 5.3 所示。

表 5.3 数据集划分

类别	训练集	测试集
1	C1,C4	C6
2	C1,C6	C4
3	C4,C6	C1

贝叶斯寻优过程如图 5.10 所示，可见在参数估计中，最小目标值很快就得到了收敛。将贝叶斯估计的 BiLSTM 预测模型的隐藏层数、训练过程的初始学习率以及最佳正则化系数，输入 BiLSTM 模型中，利用筛选过后的特征进行模型训练与预测，基于特征提取和 BiLSTM 的模型预测效果如图 5.11 所示。其评价指标值如表 5.4 所示。

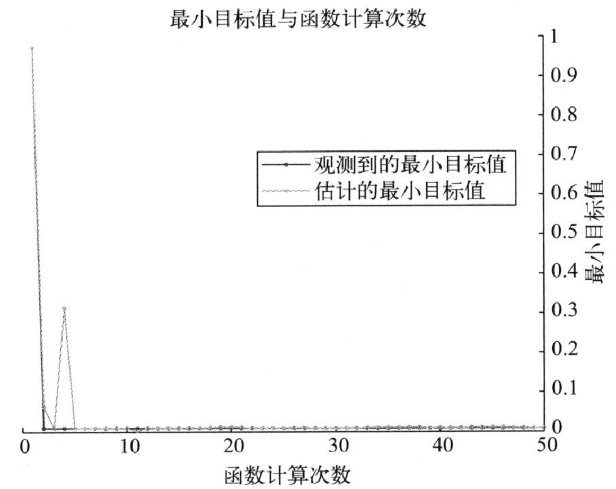

图 5.10 贝叶斯寻优过程

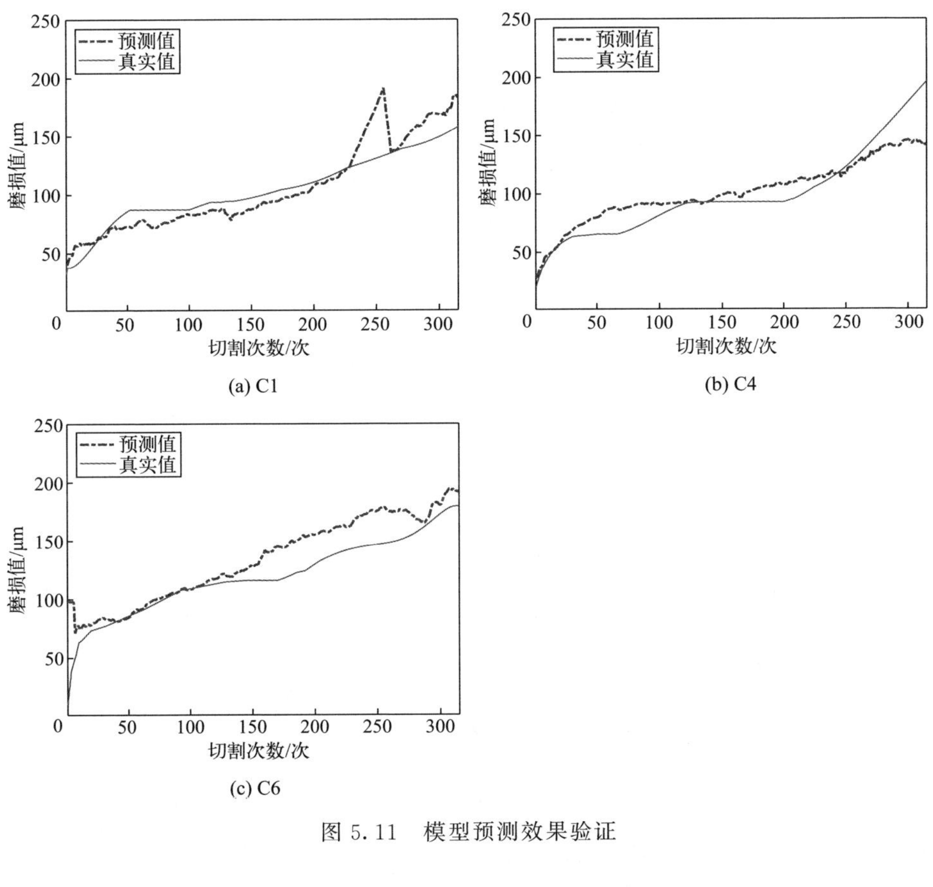

图 5.11 模型预测效果验证

表 5.4　评价指标值

刀具	R^2	RMSE	MAE
C1	0.71983	14.9377	11.3566
C4	0.83386	15.5861	11.7733
C6	0.61367	19.5015	14.6747

由图 5.11 可以看出，基于特征提取的 BiLSTM 刀具预测模型在 C1、C4、C6 的交叉验证中，其预测结果与真实值基本一致。这反映了模型对于历史数据的学习能力以及贝叶斯参数估计的优势。R^2 数值偏低，意味着模型未能捕获数据中的异变性。此外，基于特征提取的方法还存在另一个局限性，即无法实时预测。特征提取通常需要处理和分析一段时间内的数据，以提取有意义的模式和趋势。这种方法固有的滞后性使得它不适合用于实时应用，因为在实时环境中，刀具的状态和性能可能会迅速变化，需要更快速和响应迅速的方法来进行预测和决策。

5.2.2　基于模态分解和 MCNN-BiLSTM 故障诊断模型的刀具应用

MCNN-BiLSTM 模型的相关训练参数如表 5.5 所示，模型参数如图 5.12 所示。数据集的划分参照表 5.3。

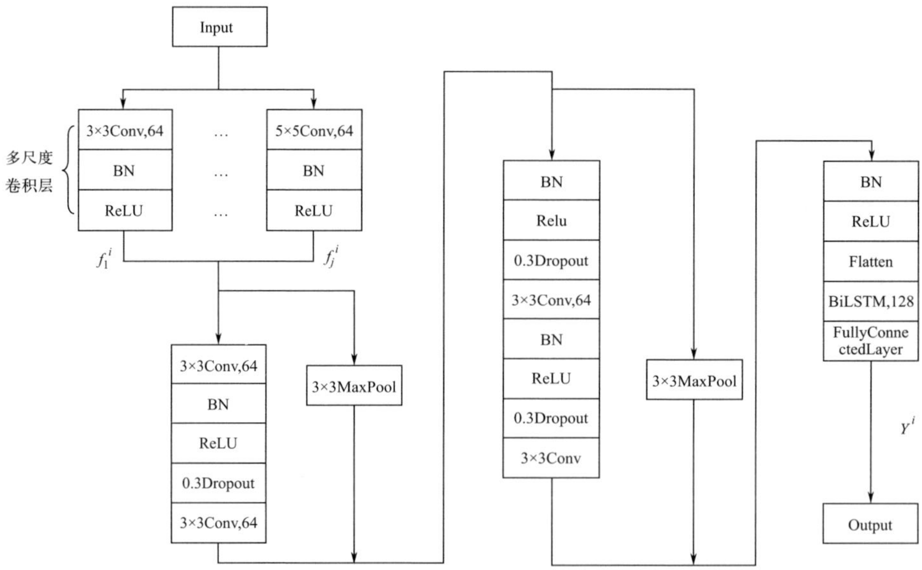

图 5.12　模型参数

表 5.5　MCNN-BiLSTM 模型训练参数

变量	值	描述
Epoch	500	训练轮数
Batch size	24	批量大小
Learning rate	0.001	学习率
Step size	1000	学习率下降轮次
Gamma	1	学习率调整倍数
Dropout	0.3	丢弃比例

为了更好地展示模型的有效性，模型的训练和验证损失如图 5.13 所示。该模型在三种不同测试工具下的预测效果如图 5.14 所示。在机床加工中，铣削是一个缓慢的过程，其数据分解和模型预测所需的时间可以忽略不计，所以本研究中没有涉及太多的讨论。显然，该模型提供了准确的刀具磨损预测结果。

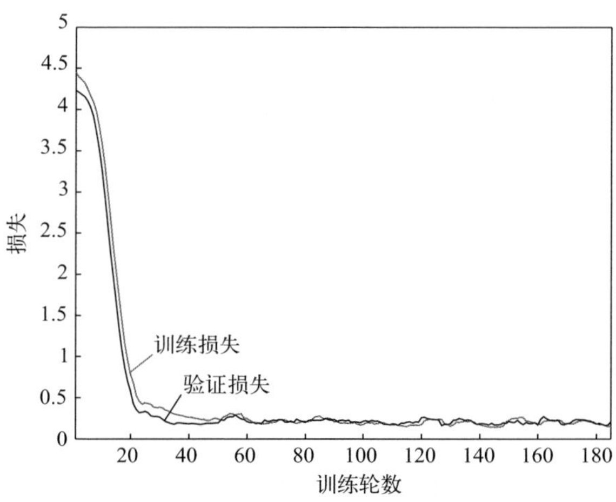

图 5.13　训练损失过程

(1) CEEMDAN 算法验证

未采用 CEEMDAN 算法的情况下，直接将原始信号降采样后输入 MCNN-BiLSTM 预测模型中，得到的预测效果展示在图 5.15 中。与图 5.14 中的预测效果相比，可以明显看出图 5.15 的预测效果较差。这说明了 CEEMDAN 算法在信号预处理阶段起到了关键的作用，能够有效地提取信号中的特征信息，从而提升模型的预测性能。

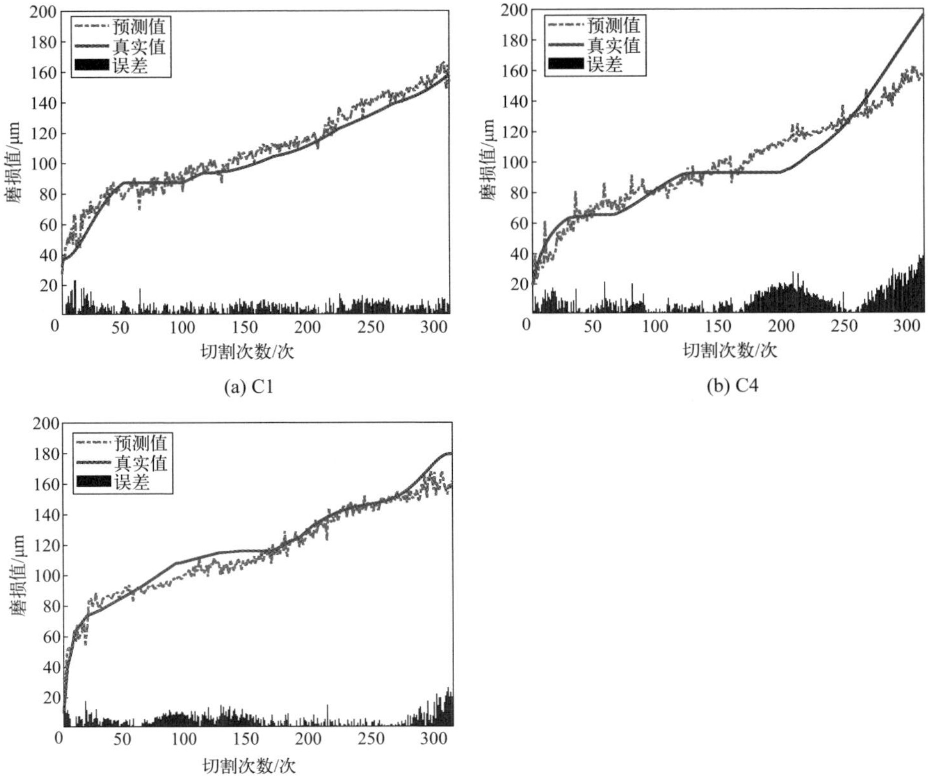

(a) C1 (b) C4

(c) C6

图 5.14 MCNN-BiLSTM 模型预测效果

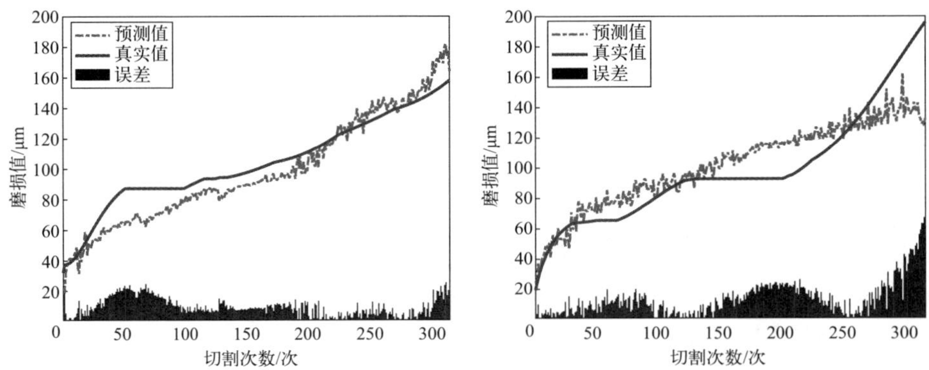

(a) C1 (b) C4

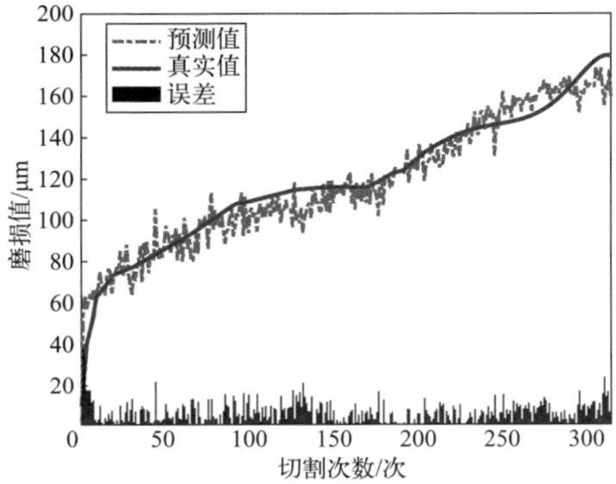

(c) C6

图 5.15　未采用 CEEMDAN 算法下 MCNN-BiLSTM 模型预测效果

为了更深入地对比数据，本研究考察了信号分解对模型性能影响的定量值，具体如表 5.6 所示。从表中数据可以清楚地看到，经过 CEEMDAN 分解后，刀 C1 的预测结果的均方根误差（RMSE）和平均绝对误差（MAE）分别下降了 26.54%和 29.10%；对于刀 C4，其 RMSE 和 MAE 分别下降了 29.82%和 29.29%；对于刀 C6，其 RMSE 和 MAE 也分别下降了 11.03%和 11.68%。

表 5.6　预测值对比

方法	C1		C4		C6	
	RMSE	MAE	RMSE	MAE	RMSE	MAE
原始信号	11.2946	9.5785	18.3126	14.0382	8.6167	6.7801
重构信号	8.2968	6.7914	12.8521	9.9263	7.6667	5.9884

此外，经过 CEEMDAN 分解重构后的数据在 R^2 值上也有明显的提升。R^2 值的增加意味着预测值和真实值之间有更高的拟合度。经 CEEMDAN 分解后，数据中的固有特征得到增强，从而更便于预测网络进行特征挖掘。

(2) 残差网络的效果验证

在深度学习中，模型的表征能力对于其性能至关重要。为了提升网络的表示能力，一种有效的方法是在模型中引入残差结构。未使用残差连接的模型预测效果如图 5.16 所示。由图 5.17 可知，具有残差结构的模型预测精度明显优于没有残差模块的模型。

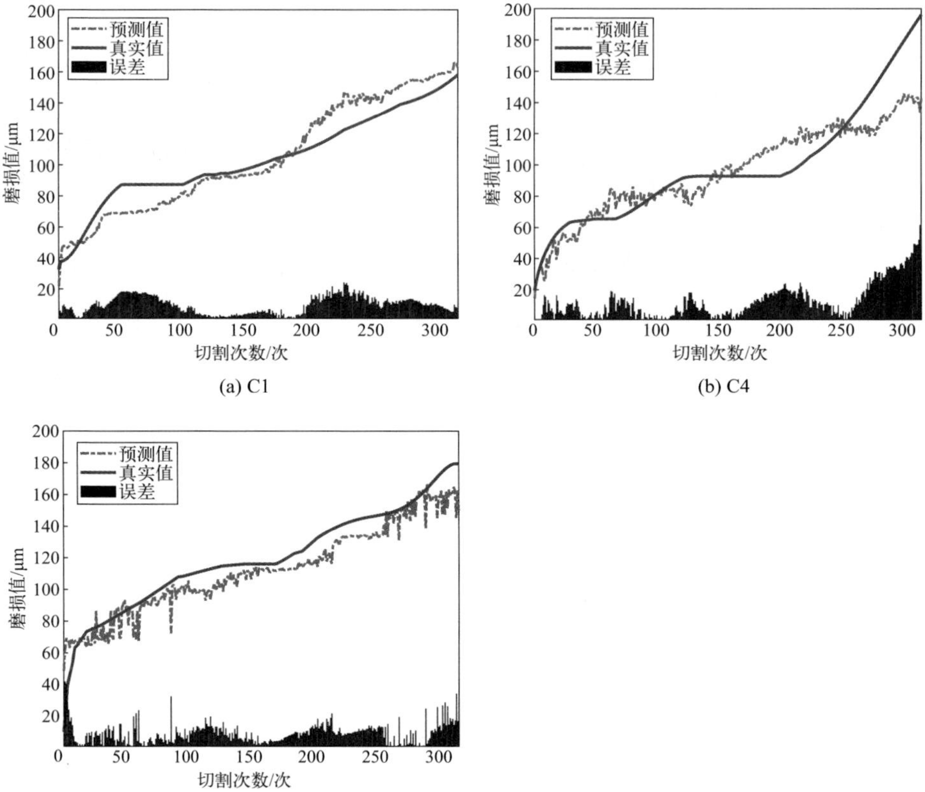

(a) C1　(b) C4　(c) C6

图 5.16　未使用残差连接的模型预测效果

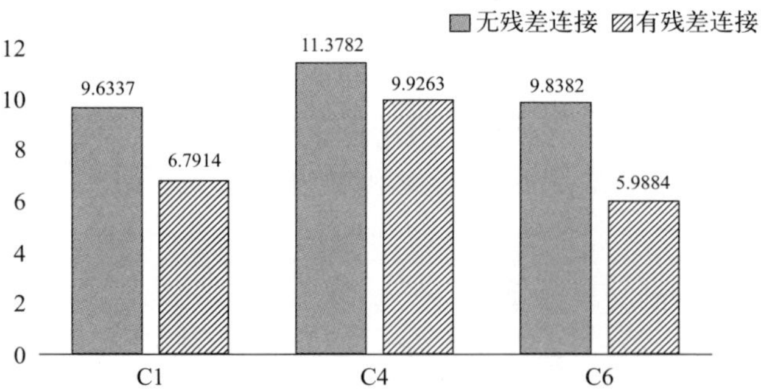

(a) MAE

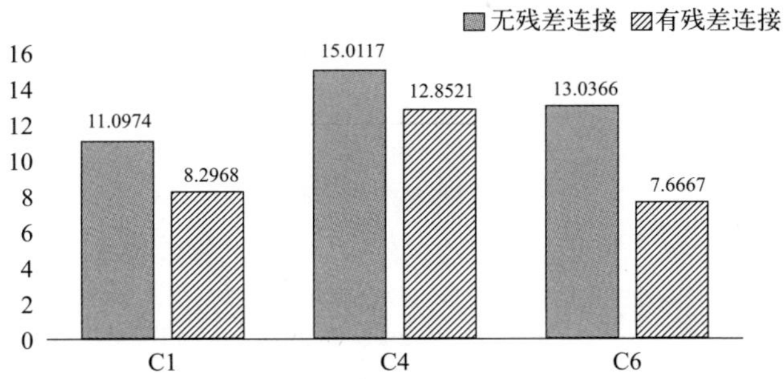

(b) RMSE

图 5.17　预测值对比

通过引入残差结构，输入信号可以直接添加到输出信号中，从而有效地保留梯度信息。这种结构允许梯度更好地在网络中传播，进而避免了梯度消失的问题。除了解决梯度消失的问题。残差结构还使得网络能够更有效地学习数据的残差分量，这意味着网络可以更加直接地关注输入与输出之间的差异，而非完整地关注输入或输出本身。这种学习方式更有利于网络适应复杂的数据分布和非线性变换，进一步提升网络的性能。

在实际应用中，利用残差结构还可以提高网络的学习效率。残差结构允许输入信号直接传播到输出端，这实际上在网络中创建了一种快捷方式。这种快捷方式可以促进信号更快地在网络中传输，加快了网络的收敛速度，提高了学习效率。这对于训练大规模深度学习模型尤其有利，可以大大缩短模型的训练时间。

5.2.3　模型对比

本实验将基于特征提取和 BiLSTM 的刀具磨损量预测模型与基于模态分解和 MCNN-BiLSTM 的刀具磨损量预测模型，与支持向量回归（SVR）、门控循环单元（GRU）、1DCNN-BiLSTM 预测模型、2DCNN 预测模型进行比较，具体参数如表 5.7 所示。

表 5.7　模型参数

方法	模型输入	模型参数
SVR	特征提取信号	SVR 模型的最优正则化参数从{0.001,0.01,0.1,1,10}中选取，核函数默认使用高斯基函数(Gaussian Basis Function,GBF)
GRU	特征提取信号	对于 GRU，考虑一层包含 64 个隐藏层的 GRU，正则化参数为 0.01，初始学习率为 0.01

续表

方法	模型输入	模型参数
1DCNN-BiLSTM	原始信号	原始数据的 7 个通道作为 1DCNN-BiLSTM 预测模型的原始输入，来自 CEEMDAN 的 7 个通道信号经过分解后作为 2DCNN 预测模型的输入
2DCNN	原始信号	原始数据的 7 个通道作为 1DCNN-BiLSTM 预测模型的原始输入，来自 CEEMDAN 的 7 个通道信号经过分解后作为 2DCNN 预测模型的输入

① 支持向量回归（SVR）用于解决回归问题。SVR 的基本思想是在高维空间中寻找一个超平面，使得该超平面能够最好地拟合数据。在 SVR 中，给定训练样本集，通过非线性映射将输入空间映射到一个高维特征空间，并在这个空间中寻找最优超平面，使得所有训练样本到该超平面的距离最小。核函数将原始输入空间映射到该特征空间，并在特征空间中寻找最优超平面。常用的核函数包括线性核、多项式核、径向基核等。

② 门控循环单元（GRU）也用于处理序列数据。与 LSTM 具有三个门不同，GRU 只有两个门，通过重置门和更新门来控制信息的流动，从而有效地捕获序列数据中的长期依赖关系。GRU 在每个时间步会根据当前的输入和上一个时间步的隐藏状态来计算重置门和更新门的值。重置门决定了如何将上一个时间步的隐藏状态与当前的输入相结合，而更新门则决定了如何将当前的隐藏状态与上一个时间步的隐藏状态相结合。因此，GRU 在自然语言处理、时间序列预测等领域得到了广泛应用。

③ 1DCNN-BiLSTM 预测模型是一个混合深度学习模型，结合了一维卷积神经网络（1DCNN）和双向长短期记忆网络（BiLSTM）的优势，用于序列数据的预测任务。在这个模型中，1DCNN 层首先用于从输入的原始序列中提取局部特征。1DCNN 通过应用一维卷积核在序列上滑动，并执行卷积操作来捕获局部模式。这种卷积操作可以有效地提取序列中的空间相关特征。接下来，提取到的特征被送入 BiLSTM 层。最后，通过全连接层将 BiLSTM 的输出转化为最终的预测结果。1DCNN-BiLSTM 预测模型通过结合 1DCNN 的局部特征提取能力和 BiLSTM 的长期依赖关系建模能力，实现了对序列数据的高效预测。

④ 2DCNN 预测模型是一个基于二维卷积神经网络（2DCNN）的预测模型，用于处理具有二维结构的数据，如图像或时空序列数据。在该模型

中，2DCNN 层是核心组件，它通过在输入数据的二维空间上应用卷积操作来提取特征。二维卷积操作可以通过使用不同的卷积核来捕捉局部空间结构上的模式，从而有效地提取二维数据中的特征。与一维卷积神经网络相比，2DCNN 能够更好地捕捉二维数据中的空间相关性。这使得 2DCNN 在处理二维数据时具有优势。在 2DCNN 预测模型中，将多个 2DCNN 层堆叠起来，以形成深度卷积神经网络。这种深层结构能够逐层提取更抽象和高级的特征，从而增强模型的表征能力。除了 2DCNN 层，该预测模型还可能包含池化层（Pooling Layer）用于降低特征维度，全连接层（Fully Connected Layer）用于输出预测结果。此外，还引入了正则化技术（如 Dropout）来防止过拟合。

从表 5.8～表 5.10 的数据对比中，可以观察到几种不同模型在处理序列数据时的性能表现。在数据集规模较小的情况下，SVR 的表现通常优于 GRU。这主要是因为 GRU 需要大量的数据来训练和调整参数，否则容易出现过拟合的问题。相比之下，SVR 在小数据集上的表现更加稳定，这也是其优势所在。再来看 GRU 与 B-BiLSTM 的对比，贝叶斯优化（Bayesian Optimization）在 BiLSTM 模型中的应用明显提升了模型性能。贝叶斯优化通过建立高斯过程模型，在已探索的参数空间中对未知区域进行估计，从而避免了对整个参数空间的搜索，节省了计算资源。与 GRU 相比，B-BiLSTM 在较少的评估次数内就能获得最优解，效率更高。

表 5.8 模型预测准确度对比（C1）

方法	RMSE	MAE
SVR	17.0	15.6
GRU	31.6175	27.4510
B-BiLSTM	14.9377	11.3566
1DCNN-BiLSTM	15.9563	14.2401
2DCNN	11.3361	9.1383
MCNN-BiLSTM	8.2968	6.7914

表 5.9 模型预测准确度对比（C4）

方法	RMSE	MAE
SVR	31.2	24.8
GRU	32.9344	24.9254

续表

方法	RMSE	MAE
B-BiLSTM	15.5861	11.7733
1DCNN-BiLSTM	17.0926	14.4351
2DCNN	19.7986	11.8575
MCNN-BiLSTM	12.8521	9.9263

表 5.10　模型预测准确度对比（C6）

方法	RMSE	MAE
SVR	31.5	24.9
GRU	36.3615	31.422
B-BiLSTM	14.6747	19.5015
1DCNN-BiLSTM	12.396	10.9944
2DCNN	15.3604	11.4455
MCNN-BiLSTM	7.6667	5.9884

另外，与 SVR 和 GRU 模型相比，本书所提出的基于时频特征提取和 BiLSTM 的磨损预测模型，RMSE 和 MAE 都有显著降低。同样，基于模态分解和 MCNN-BiLSTM 的预测模型与 1DCNN-BiLSTM、2DCNN 相比，也有明显的性能提升。这些对比结果证明，与传统的深度学习网络模型相比，本书提出的模型对刀具磨损状态的变化更敏感。传统的机器学习方法在进行磨损预测时，通常需要依赖专业人员的专业知识和经验进行人工特征提取与选择。

5.2.4　模型的拓展性探究

在以上研究中主要针对刀具磨损状态预测，对数据集 C1、C4 和 C6 进行了交叉实验，以确认该模型的有效性，并显示其优于其他模型。本研究提出的基于模态分解和 MCNN-BiLSTM 的刀具磨损状态预测模型同样适用于刀具剩余寿命预测。

在图 5.18 中，通过应用交叉验证法进行了剩余寿命的预测，评估了模型的性能。图 5.19 则进一步展示了训练数据集的扩展情况。此次实验中，纳入了更多的刀具数据子集，包括 C1～C6。为了验证模型的性能，采取了一种特定策略：将其中一个子集（例如 C1）选为验证集，而将其他子集

（即 C2～C6）作为训练集。

根据图 5.18 和图 5.19 所展示的预测结果，可以对模型的性能进行详尽的分析。首先，针对 C1 数据集，其 MAE 值分别为 8.1137 和 5.4846，而 RMSE 值分别为 11.0498 和 7.3676。对于 C4 数据集，其 MAE 和 RMSE 则分别为 8.1863、6.2208 以及 10.2017 和 8.7289。至于 C6 数据集，其 MAE 为 18.7712 和 12.0137，RMSE 为 22.0223 和 15.9872。从这些数值中，可以明确地观察到，当数据集规模扩大时，模型的预测精度有明显的提升。模型预测结果的 MAE 平均收缩了 30%，RMSE 平均收缩了 25%，这进一步验证了深度学习模型在处理大规模数据集时的优势。更为重要的是，在实际应用场景中，随着数据的不断积累，能够获取的训练数据也将越来越丰富。这意味着，本书所提出的刀具寿命退化预测模型在实际应用中，随着数据的不断增加，将提供更为精准、可靠的预测结果。

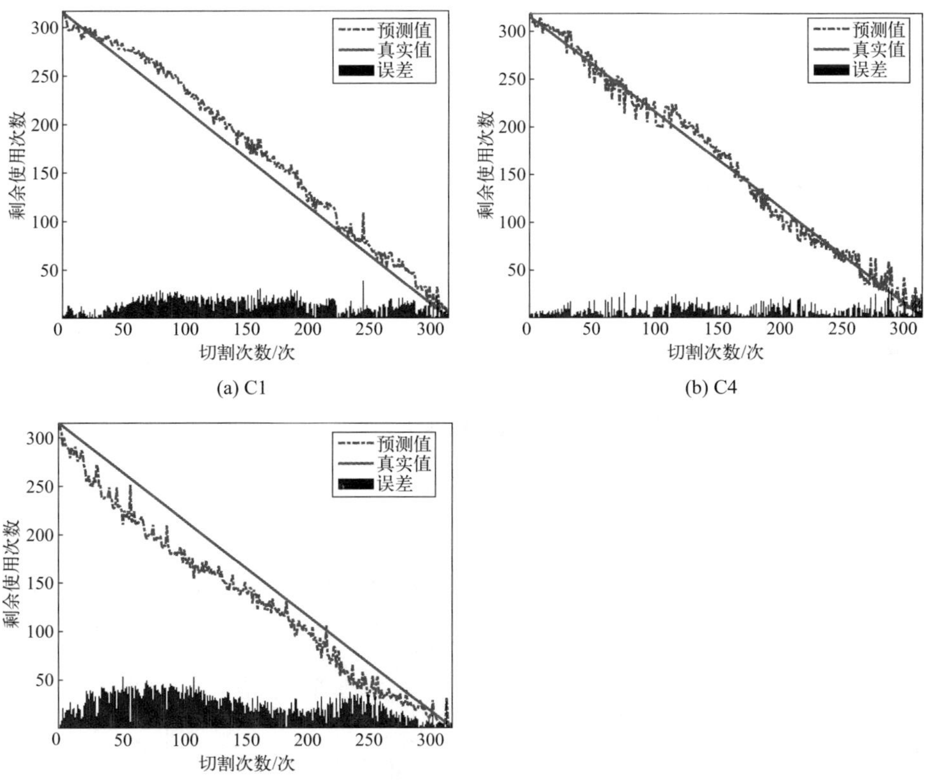

(a) C1　(b) C4　(c) C6

图 5.18　应用交叉验证法的模型预测效果

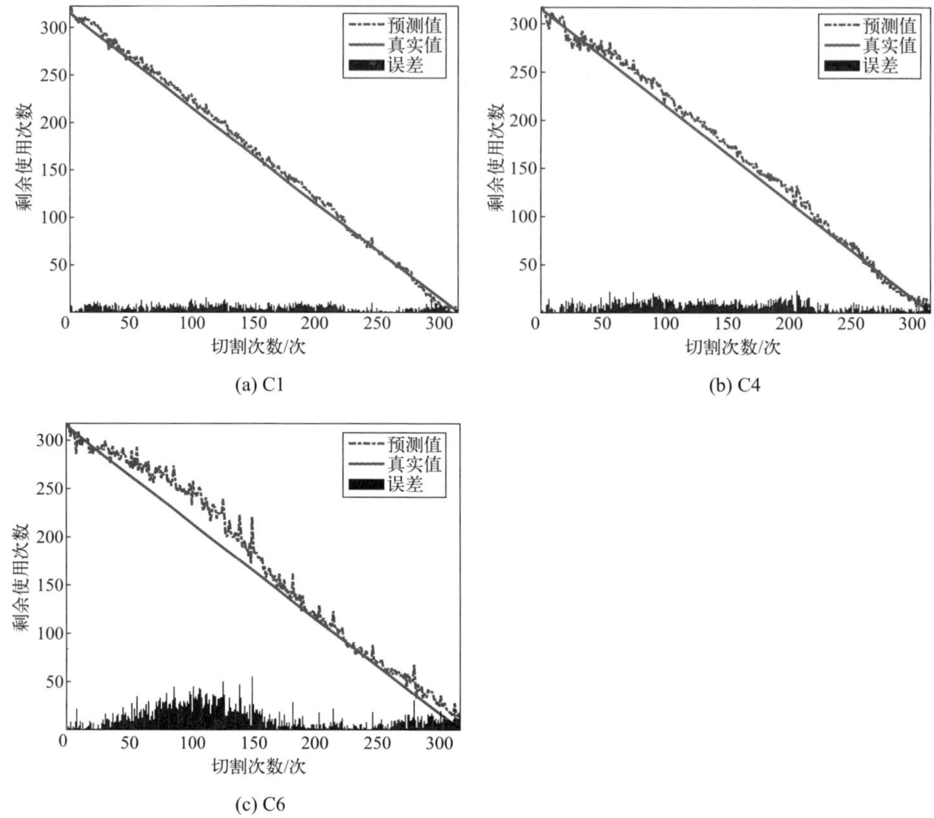

图 5.19　训练数据集扩展的模型预测效果

5.3　深度学习技术在轴承故障诊断中的应用

5.3.1　基于 TCN-SA 和 Bi-GRU 故障诊断模型的轴承应用

对于 PHM 2012 数据集中的两种工况，每种工况只保留一个轴承用于模型测试，其余轴承用于模型训练。以此类推，每种工况进行 7 次实验，一共进行 14 次实验。根据 14 次的实验结果，将提出的方法与常规 CNN、RNN、TCN、CNN-Bi-GRU、TCN-Bi-GRU、CNN-SABG 六种网络模型方法进行对比，以 MAE、RMSE 和 Score 为评价指标，并与文献［136］进行对比，以 MAE 和 RMSE 为评价指标。根据对比实验结果可以看出，所提方法的大多数性能指标优于其他算法。这也说明 TCN 模型对于时间序列数据的处理在一定程度上确实优于常规 CNN、RNN 模型。每种工况给出其中一个最优的预测曲线图，图 5.20 和图 5.21 分别为工况 1 下的轴承 B1-4 和 B1-6 及工况 2 下的轴承 B2-4 和 B2-6 的 RUL 预测曲线图，可以看出，预测的 RUL 很好地跟踪了真实的 RUL。常规 CNN、RNN、TCN、CNN-Bi-GRU、TCN-Bi-GRU、CNN-SABG 和 TCN-SABG 的 MAE、RMSE 和 Score 在 14 个实验中的值见表 5.11～表 5.13。

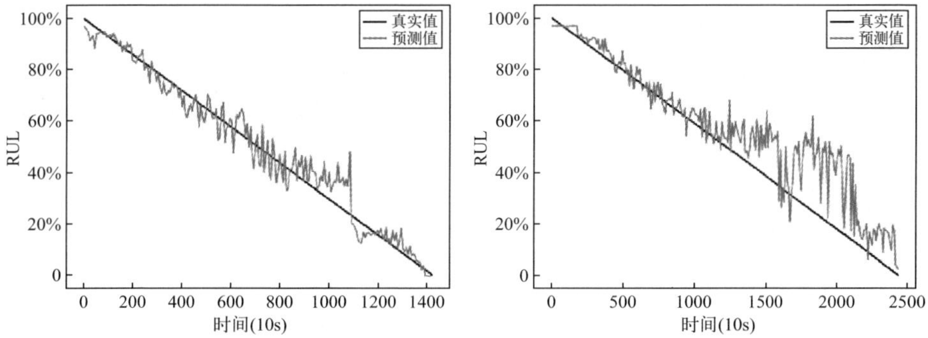

(a) B1-4　　(b) B1-6

图 5.20　工况 1 下轴承 B1-4 和 B1-6 的 RUL 预测曲线

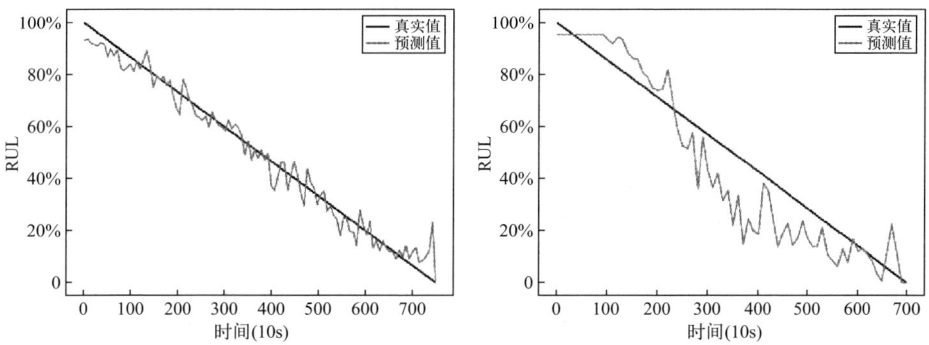

(a) B2-4　　(b) B2-6

图 5.21　工况 2 下轴承 B2-4 和 B2-6 的 RUL 预测曲线

表 5.11　PHM2012 数据集上不同方法的性能比较（一）

测试轴承	CNN			RNN			CNN-Bi-GRU		
	MAE	RMSE	Score	MAE	RMSE	Score	MAE	RMSE	Score
B1-1	31.9	38.9	0.86	14.4	17.4	0.83	10.1	14.3	0.91
B1-2	28.9	35.7	0.87	18.7	22.7	0.70	11.9	16.1	0.76
B1-3	37.9	45.8	0.84	22.1	26.5	0.63	8.4	9.8	0.88
B1-4	35.6	42.4	0.85	14.9	18.3	0.77	4.8	6.9	0.91

续表

测试轴承	CNN			RNN			CNN-Bi-GRU		
	MAE	RMSE	Score	MAE	RMSE	Score	MAE	RMSE	Score
B1-5	23.6	26.8	0.87	24.4	28.4	0.64	8.0	11.8	0.85
B1-6	24.9	30.2	0.87	22.8	27.3	0.68	8.1	10.7	0.82
B1-7	29.9	36.1	0.85	21.9	25.3	0.71	12.4	15.9	0.89
B2-1	31.3	39.3	0.79	23.3	26.4	0.75	22.8	28.1	0.86
B2-2	31.3	41.7	0.78	20.9	25.4	0.72	18.4	23.1	0.64
B2-3	35.4	42.2	0.83	25.0	28.9	0.67	18.0	22.2	0.75
B2-4	21.6	28.2	0.75	14.6	17.8	0.77	8.3	11.6	0.86
B2-5	19.1	22.4	0.76	24.9	29.2	0.69	16.6	20.2	0.80
B2-6	21.9	36.4	0.76	19.2	23.1	0.71	8.0	10.5	0.87
B2-7	30.0	38.1	0.81	22.1	27.0	0.77	18.4	23.4	0.63

由表5.11～表5.13的结果可见，TCN-SABG模型Score的值，至少有10个优于单独的CNN和RNN的预测结果，且MAE、RMSE的值普遍都较低。通过TCN-SABG与消融实验TCN和TCN-Bi-GRU的实验结果可知，TCN-SABG预测的Score均不低于TCN-Bi-GRU，且MAE和RMSE中有10个低于TCN-Bi-GRU，说明提出的预测模型存在一定的优势。与CNN-Bi-GRU及CNN-SABG相比，MAE、RMSE和Score值至少有12个指标优于它们，表明采用TCN作为预测模型的基础网络，并使用SA机制和Bi-GRU网络辅助TCN进行预测的决定是正确的。另外，由表5.13可知，通过与文献［136］的结果对比，TCN-SABG模型有11个MAE、RMSE的值低于文献［136］，进一步验证了所提出的方法具有较好的预测精度，适合用于轴承RUL预测。综上所述，在轴承RUL预测的14个实验中，TCN-SABG在这三个指标上的性能至少有10个指标优于其他模型，表明该模型具有较高的预测精度和鲁棒性。

表5.12　PHM2012数据集上不同方法的性能比较（二）

测试轴承	TCN			TCN-Bi-GRU			CNN-SABG		
	MAE	RMSE	Score	MAE	RMSE	Score	MAE	RMSE	Score
B1-1	9.5	11.6	0.89	9.2	12.2	0.93	7.4	10.2	0.93
B1-2	14.2	17.1	0.77	12.3	15.2	0.80	20.5	27.9	0.79
B1-3	11.0	15.0	0.86	7.5	8.8	0.89	10.3	12.8	0.89

续表

测试轴承	TCN			TCN-Bi-GRU			CNN-SABG		
	MAE	RMSE	Score	MAE	RMSE	Score	MAE	RMSE	Score
B1-4	13.2	16.2	0.80	4.0	5.4	0.93	5.2	8.1	0.92
B1-5	11.5	14.9	0.80	10.2	14.4	0.77	11.0	15.1	0.77
B1-6	10.4	13.0	0.78	7.0	9.3	0.84	10.0	14.0	0.83
B1-7	10.3	12.8	0.90	11.8	16.7	0.91	10.0	13.4	0.86
B2-1	25.4	30.3	0.84	23.8	30.4	0.85	22.3	26.0	0.82
B2-2	15.3	20.8	0.72	19.3	22.7	0.70	17.8	21.7	0.69
B2-3	21.4	26.0	0.63	19.5	26.2	0.80	23.0	27.4	0.71
B2-4	6.1	7.7	0.89	5.3	6.6	0.92	7.9	10.3	0.87
B2-5	18.5	21.5	0.80	14.8	18.3	0.79	20.9	28.7	0.82
B2-6	8.3	10.6	0.86	7.3	9.0	0.90	10.6	14.0	0.85
B2-7	15.9	19.1	0.72	19.6	22.7	0.62	23.4	28.1	0.73

表 5.13　PHM2012 数据集上不同方法的性能比较（三）

测试轴承	文献[136]		TCN-SABG		
	MAE	RMSE	MAE	RMSE	Score
B1-1	13.3	16.0	6.6	9.1	0.95
B1-2	15.3	17.2	11.9	16.7	0.87
B1-3	28.4	33.5	6.4	7.7	0.90
B1-4	22.6	25.1	3.8	5.1	0.94
B1-5	13.4	15.6	6.6	9.9	0.88
B1-6	13.5	17.7	8.0	10.4	0.85
B1-7	15.5	19.3	11.2	16.4	0.91
B2-1	16.3	19.0	18.2	23.1	0.86
B2-2	26.3	29.4	15.5	20.2	0.84
B2-3	13.5	16.8	13.4	17.3	0.81
B2-4	12.0	14.3	3.7	4.8	0.95
B2-5	22.7	27.5	18.0	22.3	0.74
B2-6	20.6	23.3	9.4	11.6	0.90
B2-7	12.6	13.9	15.7	18.4	0.76

为了更直观地进行比较，将由表 5.11～表 5.13 中 14 个实验中 CNN、RNN、TCN、CNN-Bi-GRU、TCN-Bi-GRU、CNN-SABG 和 TCN-SABG 的 MAE、RMSE 及 Score 值可视化，分别如图 5.22、图 5.23 及图 5.24 所

示。由图可知，TCN-SABG 的 MAE、RMSE 及 Score 值在多数情况下高于其他模型，反映模型在轴承 RUL 预测中具有更高的准确性。这不仅有助于有效预防因轴承故障而带来的生产安全隐患，也凸显了提出的预测模型在轴承 RUL 预测中的有效性。

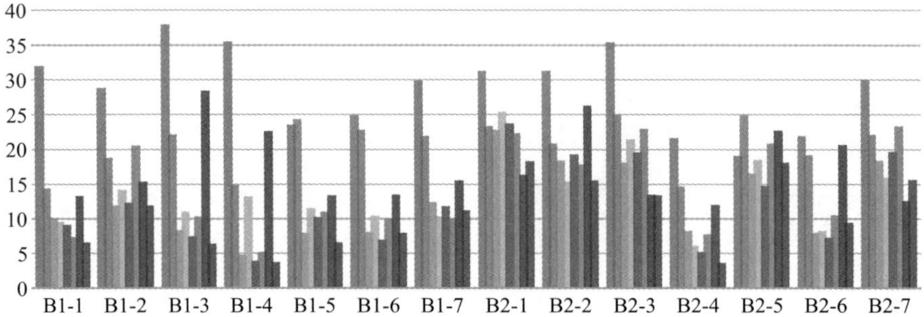

图 5.22　14 个实验的 MAE

图中，每个轴承上 8 个柱形从左至右依次为 CNN、RNN、CNN-Bi-GRU、TCN、TCN-Bi-GRU、CNN-SABG、文献［136］、TCN-SABG

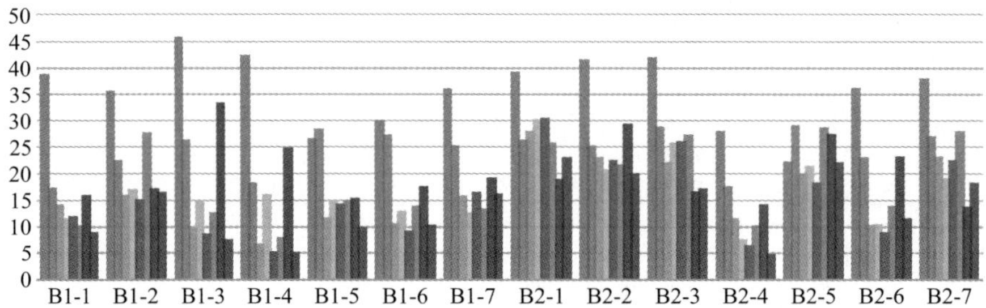

图 5.23　14 个实验的 RMSE

图中，每个轴承上 8 个柱形从左至右依次为 CNN、RNN、CNN-Bi-GRU、TCN、TCN-Bi-GRU、CNN-SABG、文献［136］、TCN-SABG

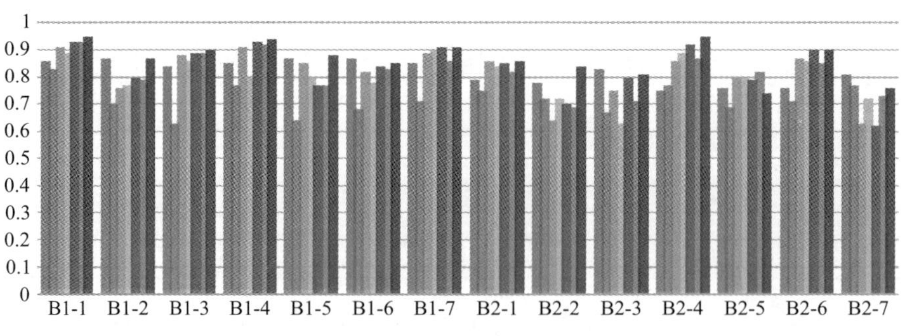

图 5.24　14 个实验的 Score

图中，每个轴承上 7 个柱形从左至右依次为 CNN、RNN、CNN-Bi-GRU、TCN、TCN-Bi-GRU、CNN-SABG、TCN-SABG

为了研究所提出的模型对轴承 RUL 的预测性能，以工况 1 下的轴承 1-3 为例，各模型的实验预测曲线如图 5.25 所示。

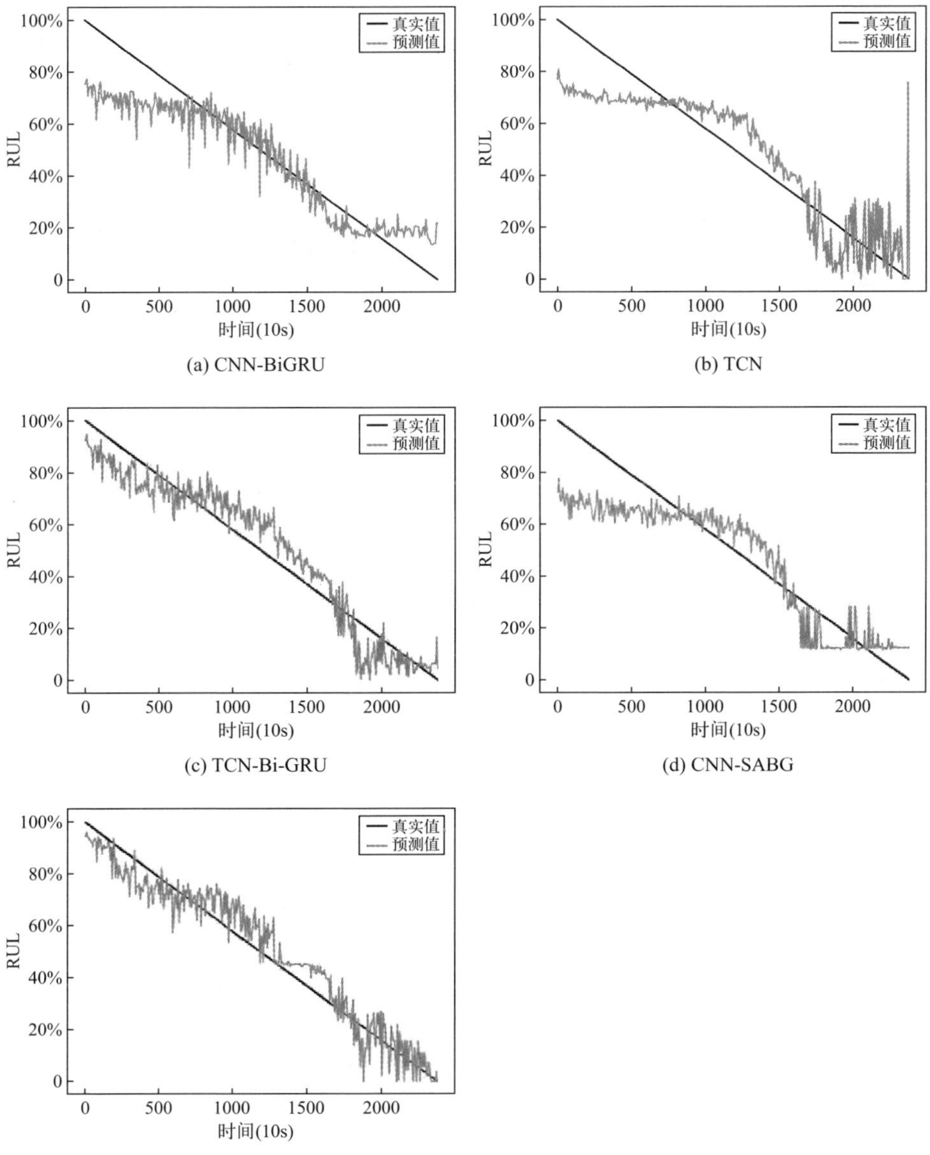

(a) CNN-BiGRU

(b) TCN

(c) TCN-Bi-GRU

(d) CNN-SABG

(e) TCN-SABG

图 5.25　各个模型轴承 1-3 预测曲线

从图 5.25 可以看出，提出的 TCN-SABG 预测曲线最好，说明提出的预测方法以 TCN 为基础网络，并将 SA 机制集成到 TCN 中，不仅减少了噪声的干扰，抑制了时间序列特征的冗余信息，而且使模型能够更准确地捕捉到与任务相关的关键特征，提高了模型预测的精度。最后通过 Bi-GRU 网络捕捉双向上下文信息，弥补 TCN 不能捕捉双向信息的缺陷，实现最终的 RUL 预测。

总体而言，所提出的 TCN-SABG 获得了被测轴承 RUL 预测的最佳拟合曲线，并且该模型在轴承的后期预测中具有更高的精度。这不仅有助于有效预防由轴承故障引起的生产安全危害，而且还突出了所提出的预测模型在轴承 RUL 预测中的有效性。这是因为所提出的 TCN-SABG 模型采用在 TCN 中嵌入 SA 机制以提取时间序列中的有效特征，并使用 Bi-GRU 网络进行最终的 RUL 预测，以达到模型能够捕捉双向序列信息的目的。TCN-SABG 预测模型在特征学习和序列建模方面表现出色，其 RUL 预测效果优于其他方法。

5.3.2 基于 MA-MsTCN 故障诊断模型的轴承应用

在 PHM 2012 数据集的两种工况中进行实验，每种工况只保留一个轴承用于模型测试，其余轴承用于模型训练。以此类推，每种工况进行 7 次实验，一共进行 14 次实验，每次实验都记录 MAE、RMSE 和 Score 三个评价指标的值。由于篇幅限制，每种工况只给出其中的一个预测曲线图，图 5.26 和图 5.27 分别为工况 1 下的轴承 B1-4 和 B1-6 及工况 2 下的轴承 B2-4 和 B2-6 的 RUL 预测曲线图。从图中可以看出，预测的 RUL 很好地跟踪了真实的 RUL，能够在一定程度上为企业提供更精确的维护和运营信息，提高生产效率和经济效益。

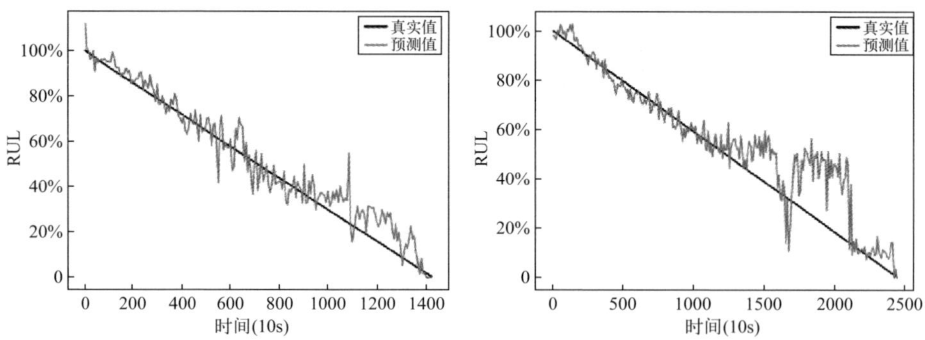

(a) B1-4　　(b) B1-6

图 5.26　工况 1 下轴承 B1-4 和 B1-6 的 RUL 预测曲线

LSTM、GRU、CNN-Bi-LSTM、CNN-Bi-GRU、TCN、MsTCN 及 MA-MsTCN 共 7 种网络模型的 MAE、RMSE 和 Score 值，见表 5.14～表

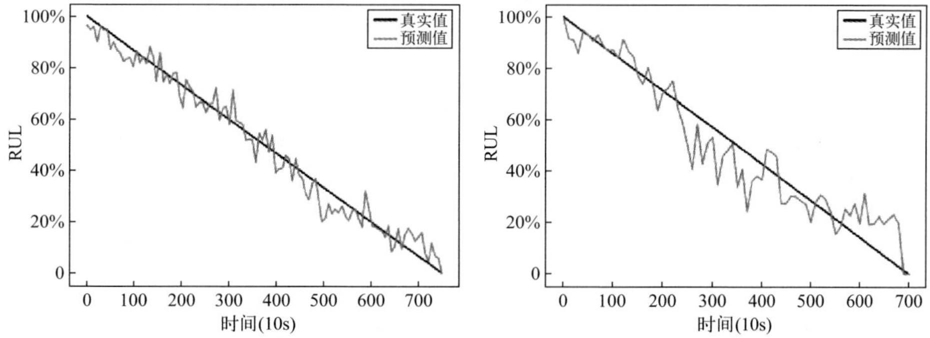

(a) B2-4　　(b) B2-6

图 5.27　工况 2 下轴承 B2-4 和 B2-6 的 RUL 预测曲线

5.16。表中列出了消融实验 TCN 与 MsTCN 的性能指标值、主流预测网络 LSTM 与 GRU、混合预测网络 CNN-Bi-LSTM 与 CNN-Bi-GRU 的性能指标值、文献［137］中所用方法的性能指标值以及提出的预测模型 MA-MsTCN 的性能指标值。

表 5.14　PHM 2012 数据集上不同方法的性能比较（一）

测试轴承	LSTM			GRU			CNN-Bi-LSTM		
	MAE	RMSE	Score	MAE	RMSE	Score	MAE	RMSE	Score
B1-1	21.9	25.3	0.71	9.9	11.9	0.88	12.2	14.1	0.91
B1-2	20.8	25.5	0.61	12.9	16.1	0.80	12.3	16.6	0.77
B1-3	10.4	16.2	0.82	14.5	17.2	0.81	7.5	9.2	0.92
B1-4	4.1	5.4	0.94	15.9	19.7	0.77	5.5	7.0	0.92
B1-5	14.3	19.7	0.69	12.4	17.7	0.75	23.3	27.0	0.68
B1-6	14.0	17.0	0.70	18.9	21.7	0.70	8.1	10.7	0.83
B1-7	9.4	11.1	0.88	9.9	12.1	0.84	12.5	16.3	0.90
B2-1	23.2	26.6	0.75	24.5	28.1	0.74	22.0	27.1	0.82
B2-2	17.1	20.6	0.68	13.9	19.0	0.75	23.5	28.0	0.72
B2-3	19.9	24.4	0.83	19.7	24.0	0.79	18.7	22.0	0.76
B2-4	8.1	10.4	0.87	10.6	13.3	0.91	12.4	17.8	0.78
B2-5	25.0	28.9	0.67	24.0	27.5	0.77	24.9	28.6	0.67
B2-6	12.9	15.8	0.81	19.6	23.6	0.62	8.3	11.0	0.87
B2-7	21.6	25.3	0.68	17.1	20.8	0.81	24.0	27.8	0.70

表 5.15　PHM 2012 数据集上不同方法的性能比较（二）

测试轴承	CNN-Bi-GRU			TCN			MsTCN		
	MAE	RMSE	Score	MAE	RMSE	Score	MAE	RMSE	Score
B1-1	10.1	14.3	0.91	9.5	11.6	0.89	11.4	15.5	0.90
B1-2	11.9	16.1	0.76	14.2	17.1	0.77	9.5	11.5	0.88
B1-3	8.4	9.8	0.88	11.0	15.0	0.86	8.7	10.6	0.87
B1-4	4.8	6.9	0.91	13.2	16.2	0.80	5.9	7.4	0.92
B1-5	8.0	11.8	0.85	11.5	14.9	0.80	8.7	12.5	0.84
B1-6	8.1	10.7	0.82	10.4	13.0	0.78	7.6	10.4	0.85
B1-7	12.4	15.9	0.89	10.3	12.8	0.90	10.4	13.7	0.89
B2-1	22.8	28.1	0.86	25.4	30.3	0.84	21.8	27.1	0.75
B2-2	18.4	23.1	0.64	15.3	20.8	0.72	17.5	20.7	0.72
B2-3	18.0	22.2	0.75	21.4	26.0	0.63	18.5	22.5	0.76
B2-4	8.3	11.6	0.86	6.1	7.7	0.89	5.8	7.2	0.93
B2-5	16.6	20.2	0.80	18.5	21.5	0.80	14.9	18.3	0.81
B2-6	8.0	10.5	0.87	8.3	10.6	0.86	8.2	11.3	0.85
B2-7	18.4	23.4	0.63	15.9	19.1	0.72	6.1	7.8	0.90

由表 5.14～表 5.16 中 TCN 和 MsTCN 的 MAE、RMSE 和 Score 的结果对比可知，MsTCN 在这 3 个指标上的值有 9 组是优于 TCN 的，由此可见 MsTCN 在寿命预测方面的性能强于单个 TCN，这也表明 MsTCN 通过多尺度卷积进行特征提取，在 RUL 预测中具有显著的有效性。由表 5.15 和表 5.16 中 MsTCN 和 MA-MsTCN 的 MAE、RMSE 和 Score 的结果对比可知，MA-MsTCN 在这 3 个指标上的值在大多数情况下是优于 MsTCN 的，由此可见使用 MA 辅助 MsTCN 工作的这个决定是正确的。将 MA 机制放置在 MsTCN 之前，能够提升模型的特征选择能力、时序依赖建模能力和多尺度特征提取效果。通过 MA 机制优化输入特征的表示，提高了轴承 RUL 预测的准确性和鲁棒性。

表 5.16　PHM 2012 数据集上不同方法的性能比较（三）

测试轴承	文献[137]		MA-MsTCN		
	MAE	RMSE	MAE	RMSE	Score
B1-1	10.4	11.3	4.6	5.8	0.96
B1-2	13.0	16.9	8.0	11.2	0.90
B1-3	9.7	11.7	5.6	7.0	0.92

续表

测试轴承	文献[137]		MA-MsTCN		
	MAE	RMSE	MAE	RMSE	Score
B1-4	7.1	8.5	5.1	6.6	0.90
B1-5	9.11	13.0	7.8	11.4	0.87
B1-6	8.3	11.9	7.6	11.1	0.83
B1-7	9.0	12.9	8.8	11.2	0.93
B2-1	14.3	18.1	15.7	19.0	0.86
B2-2	14.5	18.6	11.9	15.7	0.77
B2-3	17.9	23.0	21.0	25.1	0.75
B2-4	5.18	6.42	4.1	5.1	0.94
B2-5	13.3	16.1	16.7	19.8	0.82
B2-6	10.9	13.8	7.2	9.4	0.89
B2-7	17.5	25.0	14.3	17.2	0.73

由表5.14～表5.16中LSTM、GRU、CNN-Bi-LSTM、CNN-Bi-GRU及MA-MsTCN的MAE、RMSE和Score的结果对比可知，MA-MsTCN在这3个指标上的值至少有10组是优于它们的，由此可见MA-MsTCN在寿命预测方面的强大能力。进一步说明提出的预测方法，能够有效地捕捉复杂的时序特征和多尺度信息，在轴承RUL预测中发挥重要作用，提升了故障预警的准确性和维护决策的科学性。另外，通过与文献［137］的结果对比，MA-MsTCN模型的性能指标在大多数情况下优于文献［137］的结果，这证明了MsTCN从多个时间尺度上提取特征进行轴承RUL预测是有效的，更验证了模型的优越性。综上所述，在轴承RUL预测的14个实验中，MA-MsTCN在这3个指标上的性能至少有10个指标优于其他模型，具有较好的预测性能。

为了更直观地进行比较，将表5.14～表5.16中14个实验中LSTM、GRU、CNN-Bi-LSTM、CNN-Bi-GRU、TCN、MsTCN及MA-MsTCN的MAE、RMSE及Score值可视化，分别如图5.28、图5.29和图5.30所示。由此可见，MA-MsTCN的MAE、RMSE及Score值在多数情况下优于其他模型，反映该模型在轴承后期预测中具有更高的准确性。这不仅有助于有效预防因轴承故障而带来的生产安全隐患，还进一步强调了所提模型在轴承RUL预测中的有效性。

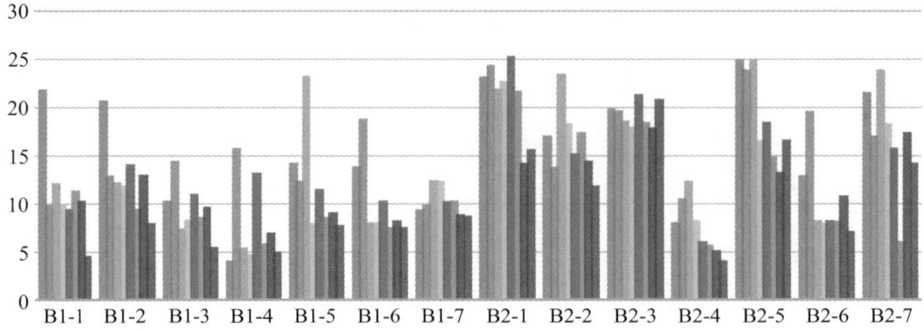

图 5.28　14 个实验的 MAE

图中，每个轴承上 8 个柱形从左至右依次为 LSTM、GRU、CNN-Bi-LSTM、CNN-Bi-GRU、TCN、MsTCN、文献［137］、MA-MsTCN

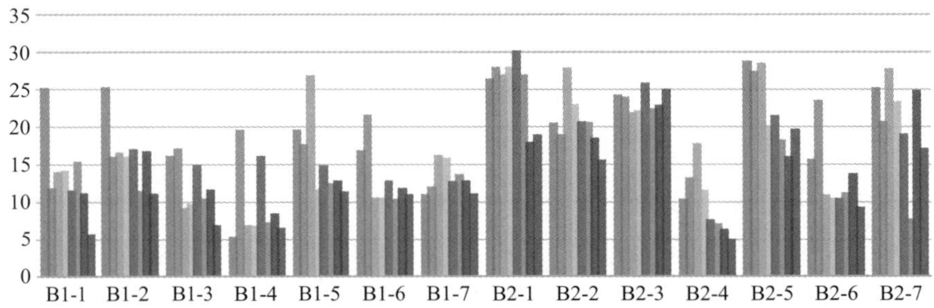

图 5.29　14 个实验的 RMSE

图中，每个轴承上 8 个柱形从左至右依次为 LSTM、GRU、CNN-Bi-LSTM、CNN-Bi-GRU、TCN、MsTCN、文献［137］、MA-MsTCN

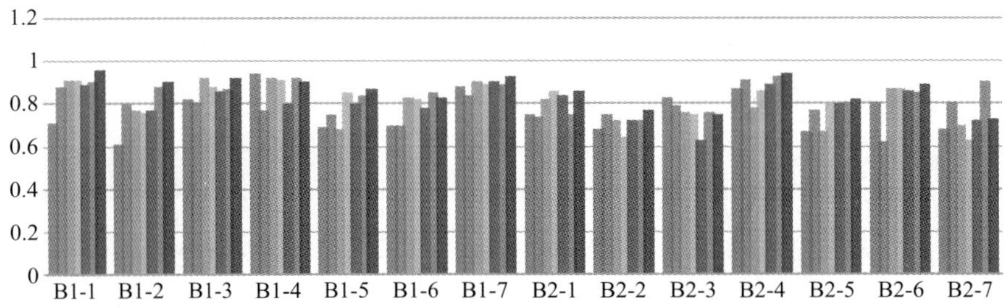

图 5.30　14 个实验的 Score

图中，每个轴承上 7 个柱形从左至右依次为 LSTM、GRU、CNN-Bi-LSTM、CNN-Bi-GRU、TCN、MsTCN、MA-MsTCN

为了研究所提出的模型对轴承 RUL 的预测性能，以工况 1 下的轴承 1-3 为例，各模型的实验预测曲线如图 5.31 所示。

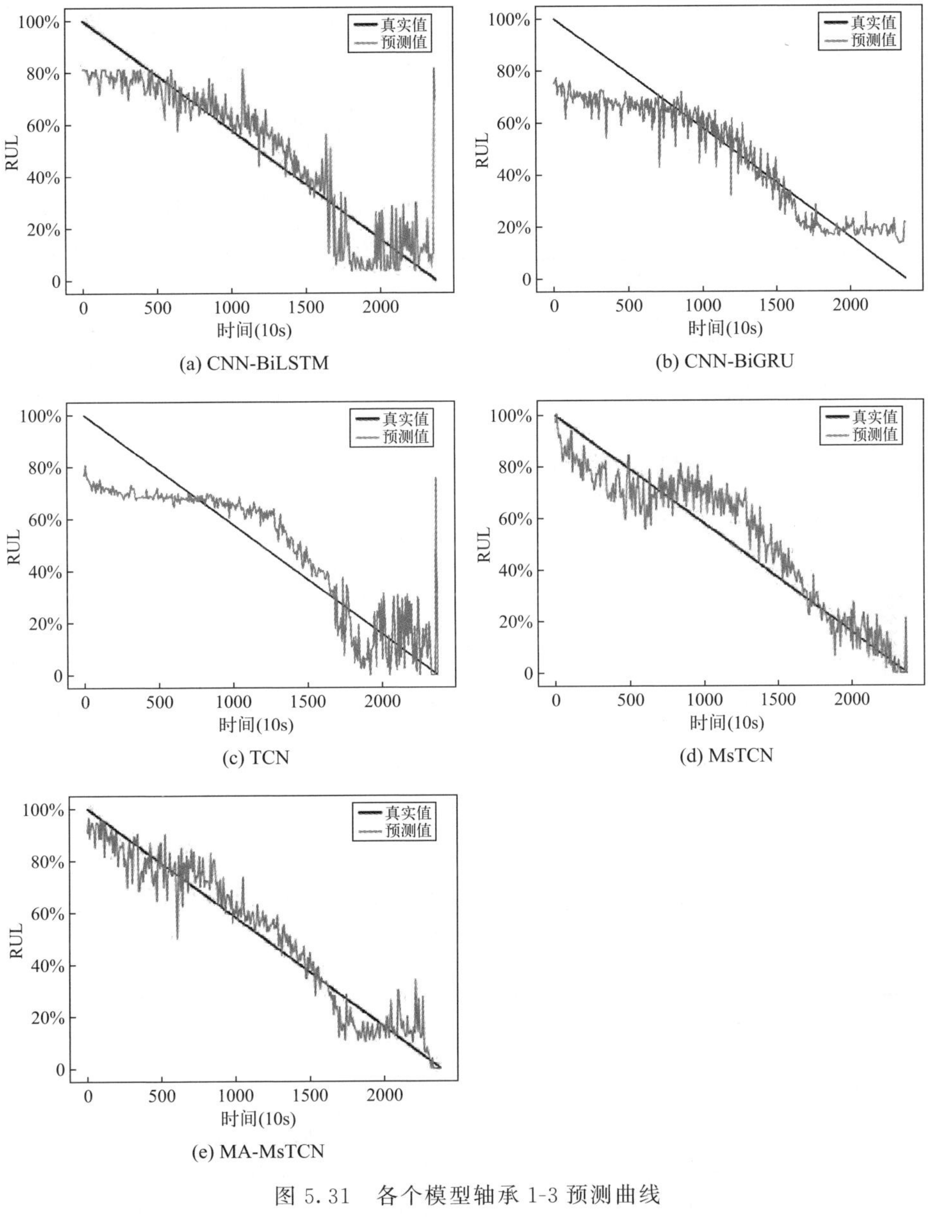

图 5.31　各个模型轴承 1-3 预测曲线

从图 5.31 可以看出，所提出的 MA-MsTCN 预测曲线效果最好，说明该预测方法以 TCN 为基础网络，先使用 MA 进行特征重建，再通过 MsTCN 进行特征提取和 RUL 预测，是有效的。将 MA 机制放置于 MsTCN 的头部，MA 机制能够动态分配权重，捕捉到数据中不同位置的重要信息，优化了输入特征的表示，确保了 MsTCN 处理的是经过加权和筛选的关键特征信息，从而提升了对多尺度特征的提取效果。MsTCN 通过处理不同时间尺度上的特征，增强了对轴承信号的分析能力，能更好地提取轴承的运行状态特征，提高轴承 RUL 预测的精度和模型的稳定性。

总体而言，所提出的 MA-MsTCN 模型在预测轴承 RUL 方面展示了最佳的拟合曲线，尤其在对轴承后期的预测上表现突出。这不仅有助于有效预防因轴承故障引发的生产安全风险，也验证了该预测模型在轴承 RUL 预测任务中的高效性与可靠性。这是因为所提出的 MA-MsTCN 采用 MA 进行特征重建后，又利用 MsTCN 对重建后的特征进行二次特征提取。MsTCN 通过提取不同时间尺度上的特征进一步优化特征表示，从而提高了对轴承 RUL 的预测精度。

5.3.3 基于 MCA-TCN-MA 故障诊断模型的轴承应用

在 PHM 2012 数据集的分析中，每种工作条件都采用了使用一个轴承进行模型测试的做法，而其余的轴承则用于模型训练。因此，对于这两种工作条件中的每一种，总共进行了 7 个实验，共有 14 个实验。将所提出的方法与 CNN、RNN、TCN、TCN-MA、MCA-TCN 和 MCA-CNN-MA 六种网络建模方法进行了比较。采用 MAE、RMSE 和 Score 评估指标进行比较。此外，使用 MAE 和 RMSE 作为评价指标，对之前在文献［137］中使用的方法进行了比较。针对每种工况给出了一个最优预测图，图 5.32 显示了轴承 B1-4 和 B2-4 的 RUL 预测图，可以看出，预测的 RUL 很好地跟踪了实际的 RUL，在一定程度上可以为企业提供更准确的维护和运行信息，从而提高生产效率和经济效益。14 个实验的 CNN、RNN、TCN、TCN-MA、MCATCN、MCA-CNN-MA 和 MCA-TCN-MA 的 MAE、RMSE 和 Score 值如表 5.17 和表 5.18 所示。

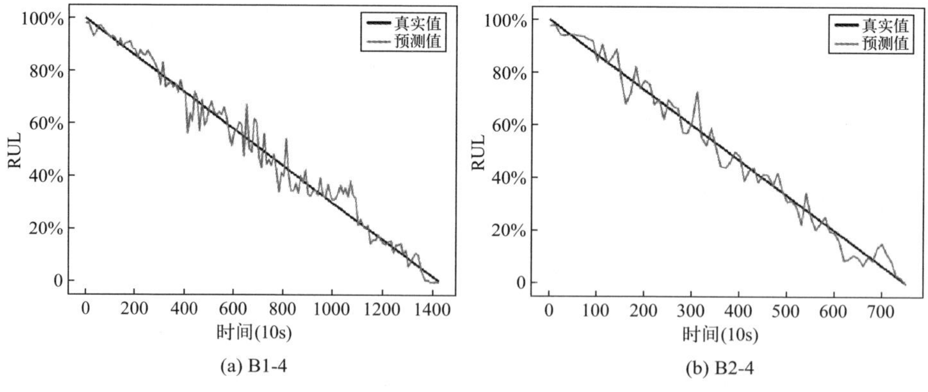

图 5.32 轴承 B1-4 和 B2-4 的 RUL 预测曲线

表 5.17 PHM 2012 数据集上不同方法的性能比较（一）

测试轴承	CNN			RNN			TCN			TCN-MA		
	MAE	RMSE	Score	MAE	RMSE	Score	MAE	RMSE	Score	MAE	RMSE	Score
B1-1	31.9	38.9	0.86	14.4	17.4	0.83	6.2	7.5	0.93	10.7	13.4	0.90
B1-2	28.9	35.7	0.87	18.7	22.7	0.70	11.1	14.5	0.80	9.0	12.1	0.83
B1-3	37.9	45.8	0.84	22.1	26.5	0.63	11.4	13.9	0.89	7.3	9.5	0.91
B1-4	35.6	42.4	0.85	14.9	18.3	0.77	7.2	9.6	0.87	7.6	9.3	0.95
B1-5	23.6	26.8	0.87	24.4	28.4	0.64	9.7	13.5	0.82	10.3	14.9	0.78
B1-6	24.9	30.2	0.87	22.8	27.3	0.68	12.7	16.4	0.73	8.3	11.3	0.82
B1-7	29.9	36.1	0.85	21.9	25.3	0.71	8.7	10.9	0.85	9.8	12.6	0.89
B2-1	31.3	39.3	0.79	23.3	26.4	0.75	21.8	24.9	0.78	20.2	23.9	0.82
B2-2	31.3	41.7	0.78	20.9	25.4	0.72	16.0	19.1	0.79	7.7	9.9	0.86
B2-3	35.4	42.2	0.83	25.0	28.9	0.67	21.3	25.4	0.66	15.6	19.5	0.81
B2-4	21.6	28.2	0.75	14.6	17.8	0.77	4.9	6.4	0.92	5.5	7.0	0.91
B2-5	19.1	22.4	0.76	24.9	29.2	0.69	17.6	20.8	0.78	15.1	19.1	0.79
B2-6	21.9	36.4	0.76	19.2	23.1	0.71	9.6	12.8	0.82	9.0	10.9	0.86
B2-7	30.0	38.1	0.74	22.1	27.0	0.77	16.6	20.3	0.70	15.2	20.0	0.68

表 5.18 PHM 2012 数据集上不同方法的性能比较（二）

测试轴承	MCA-TCN			MCA-CNN-MA			文献[137]		MCA-TCN-MA		
	MAE	RMSE	Score	MAE	RMSE	Score	MAE	RMSE	MAE	RMSE	Score
B1-1	8.4	10.8	0.93	8.6	9.7	0.92	10.4	11.3	4.8	6.2	0.95
B1-2	12.0	14.8	0.78	13.0	16.3	0.76	13.0	16.9	7.2	9.5	0.92
B1-3	9.0	10.8	0.89	11.5	13.2	0.86	9.7	11.7	9.2	11.4	0.88
B1-4	3.6	4.9	0.95	3.4	4.7	0.94	7.1	8.5	3.1	4.2	0.96
B1-5	7.7	10.7	0.87	8.5	12.5	0.84	9.11	13.0	7.2	10.4	0.90
B1-6	9.5	12.7	0.79	9.3	12.2	0.82	8.3	11.9	8.1	10.6	0.83
B1-7	8.4	10.7	0.88	8.6	11.4	0.89	9.0	12.9	8.1	10.2	0.90
B2-1	15.2	19.2	0.81	16.5	20.7	0.77	14.3	18.1	14.7	18.6	0.83
B2-2	17.3	23.0	0.67	20.0	28.0	0.70	14.5	18.6	12.3	16.4	0.75
B2-3	21.0	25.2	0.70	17.4	21.6	0.78	17.9	23.0	12.0	16.5	0.86
B2-4	5.2	6.5	0.94	4.8	6.2	0.92	5.18	6.42	3.5	4.4	0.95
B2-5	17.2	20.4	0.79	13.6	17.7	0.78	13.3	16.1	13.1	17.1	0.80
B2-6	9.2	11.4	0.87	9.5	12.4	0.86	10.9	13.8	8.5	10.2	0.88
B2-7	15.4	18.7	0.71	18.3	21.5	0.70	17.5	25.0	14.9	17.1	0.77

从表 5.17 和表 5.18 的结果可以看出，MCA-TCN-MA 模型的 Score 值至少有 11 个优于单独使用 CNN 和 RNN 的预测，MAE 和 RMSE 的值通常低于 CNN 和 RNN 的值。从 MCA-TCN-MA 与 TCN、TCN-MA 和 MCA-TCN 消融实验的结果可以看出，MCA-TCN-MA 预测的 Score 值仅比 TCN-MA 低 1 个，MAE 和 RMSE 至少有 12 个值低于 TCN、TCN-MA 和 MCA-TCN，这表明所提出的预测模型具有一定的优势。与 MCA-CNN-MA 模型相比，MCA-TCN-MA 的 MAE 和 RMSE 值均较低，Score 值均较高，表明采用 TCN 作为预测模型的基础网络，使用 MCA 机制重建特征，并结合 TCN 和 MA 机制进行特征提取和寿命预测的决定是正确的，可以更准确地应用于 RUL 预测任务。此外，通过与文献［137］的结果进行比较，MCA-TCN-MA 模型有 13 个 MAE 和 RMSE 值低于文献［137］，这进一步验证了本书所提出的方法具有更好的预测精度，适用于轴承 RUL 预测。综上所述，在轴承 RUL 预测的 14 个实验中，MCA-TCN-MA 在这 3 个指标上的性能在大多数实验中都优于其他模型，这表明该模型具有更高的预测精度和鲁棒性。

为了进行更直观的比较，表 5.17 和表 5.18 中 14 个实验的 CNN、RNN、TCN、TCN-MA、MCA-TCN、MCA-CNN-MA、MCA-TCN-MA 的 MAE、RMSE 和 Score 值以及文献［137］的结果如图 5.33～图 5.35 所示。从图中可以看出，TCN-SABG 的 MAE、RMSE 和 Score 的大部分值都低于其他模型，这表明该模型在轴承的后期预测中具有更高的准确性。这不仅有助于有效预防轴承故障造成的安全生产隐患，也凸显了所提出的预测模型在轴承 RUL 预测中的有效性。

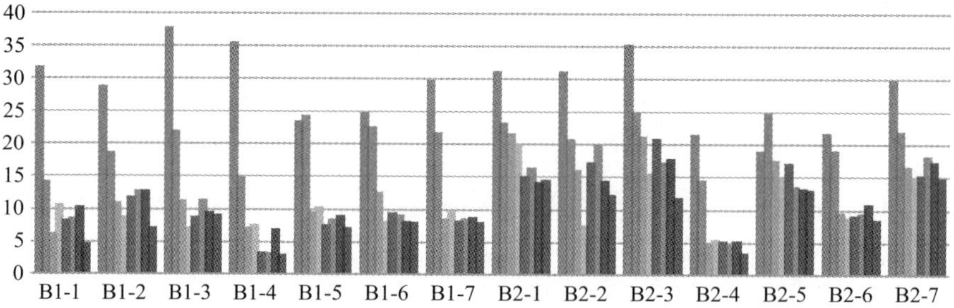

图 5.33　14 个实验的 MAE

图中，每个轴承上 8 个柱形从左至右依次为 CNN、RNN、TCN、TCN-MA、MCA-TCN、MCA-CNN-MA、文献［137］、MCA-TCN-MA

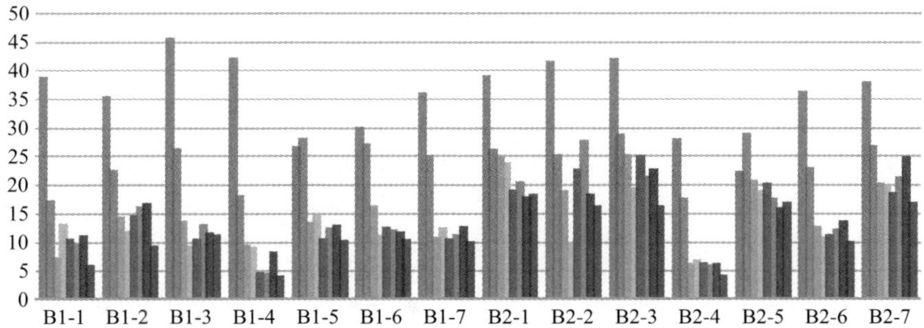

图 5.34　14 个实验的 RMSE

图中，每个轴承上 8 个柱形从左至右依次为 CNN、RNN、TCN、TCN-MA、MCA-TCN、MCA-CNN-MA、文献［137］、MCA-TCN-MA

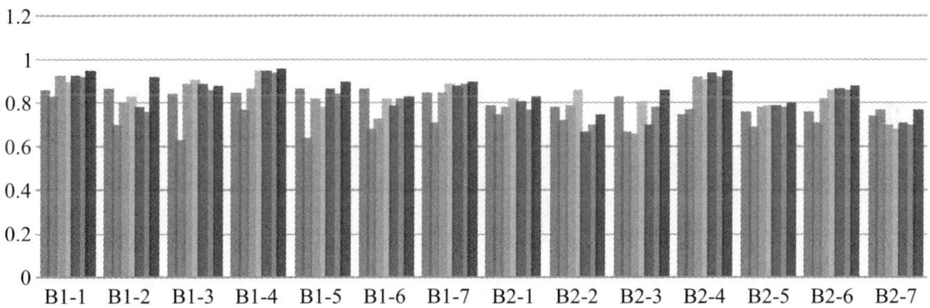

图 5.35　14 个实验的 Score

图中，每个轴承上 7 个柱形从左至右依次为 CNN、RNN、TCN、TCN-MA、MCA-TCN、MCA-CNN-MA、MCA-TCN-MA

为了研究所提出的轴承 RUL 模型的预测性能，以工况 1 下的轴承 1-2 为例，每个模型的实验预测曲线如图 5.36 所示。

从图 5.36 可以看出，所提出的 MCA-TCNMA 显示了最佳的预测曲线，表明所提出的预测方法在使用 TCN-MA 进行特征提取和 RUL 预测之前，使用 TCN 作为基础网络并使用 MCA 进行特征重建是有效的。MCA 机制能够通过将不同尺度的卷积特征与特征的注意力机制权重相结合，自适应地调整尺度并进行特征融合，重建的特征更有效。将 MA 机制集成到 TCN 中，不仅减少了噪声的干扰，抑制了时间序列特征的冗余信息，而且使模型能够更准确地捕获与任务相关的关键特征，从而提高了模型预测的准确性。

总体而言，所提出的 MCA-TCN-MA 在被测轴承的 RUL 预测中获得了最佳拟合曲线，反映出该模型在以后的轴承预测中具有更高的精度。这不仅有助于有效预防轴承故障造成的安全生产隐患，也凸显了所提出的预测模型

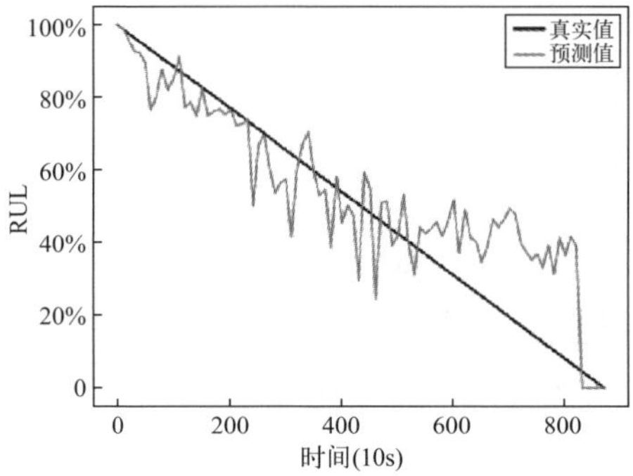

(a) TCN

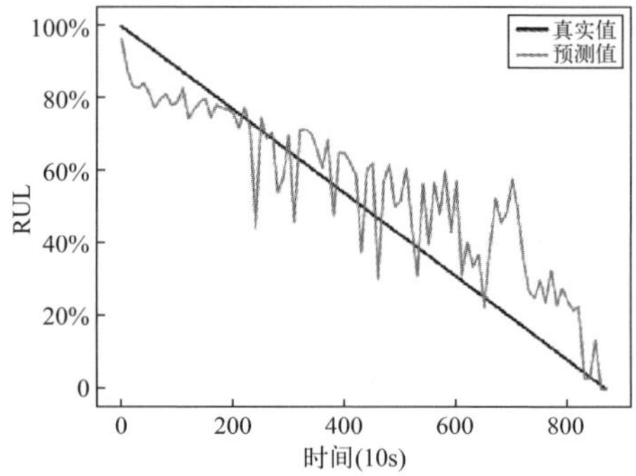

(b) MCA-TCN

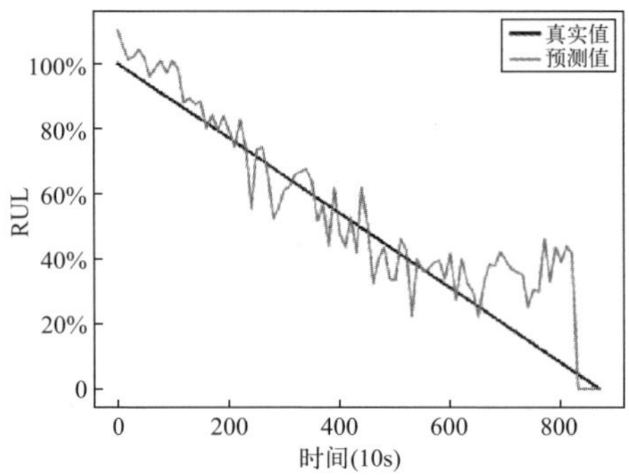

(c) TCN-MA

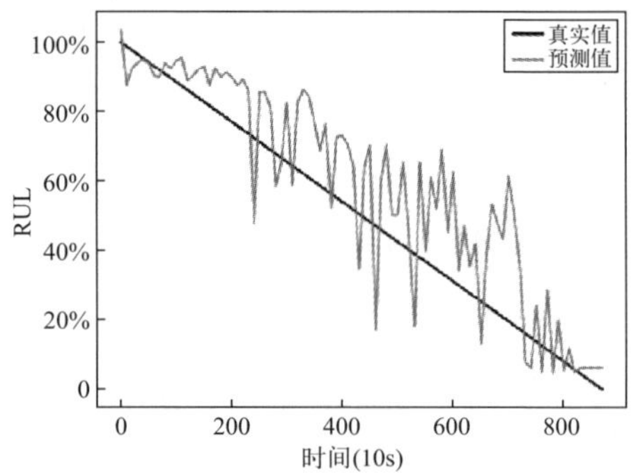

(d) MCA-CNN-MA

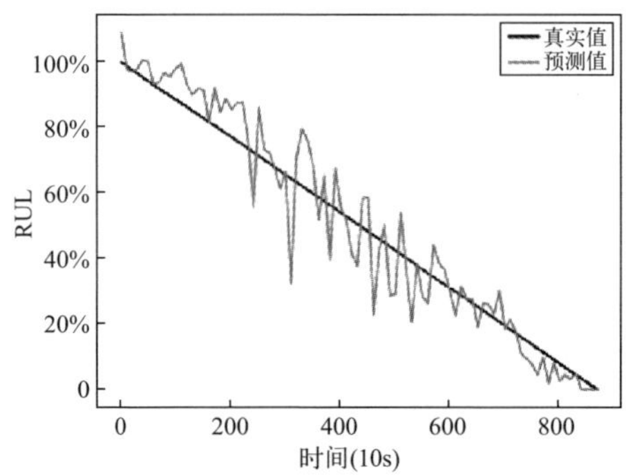

(e) MCA-TCN-MA

图 5.36　各个模型轴承 1-2 预测曲线

在轴承 RUL 预测中的有效性。这是由于所提出的 MCA-TCN-MA 采用了 TCN 框架，该框架可以有效地从全寿命退化信号中提取时间序列特征。此外，通过结合 MCA 和 MA 机制，所提出的 MCA-TCN-MA 预测模型具有出色的特征学习能力和序列建模能力，在 RUL 预测结果方面优于其他方法。

第 6 章

结论与展望

本书专注于智能制造背景下基于深度学习的故障诊断技术研究。一方面以刀具为研究对象进行工业刀具磨损状态预测。以工业大数据为驱动，使用信号处理与神经网络模型，构建了两种刀具磨损预测模型：基于特征提取和BiLSTM的模型，基于模态分解和MCNN-BiLSTM的模型。另一方面，以轴承为研究对象进行工业轴承剩余寿命预测。这两种模型超越了现有模型的预测效果，能更准确地预测刀具的磨损值，实现刀具磨损在线监测。采用原始振动信号作为预测模型的输入，使用深度学习与注意力机制相结合的模型，构建了两种滚动轴承RUL预测模型：基于TCN-SA和Bi-GRU及基于MA-MsTCN的轴承RUL预测模型。这两种模型相对于现有主流的预测网络，都表现出一定的优越性和有效性，能更准确地预测轴承的RUL，具有较好的鲁棒性，适用于滚动轴承的RUL预测。

6.1 结论

本书以工业大数据为驱动，采用原始振动信号作为预测模型的输入，使用基于深度学习的模型，构建了用于刀具和轴承的故障诊断模型。

本书的主要研究成果如下。

① 构建了基于特征提取和BiLSTM的刀具磨损状态预测模型。模型首先分析并提取了工业数据中蕴含的时域和频域特征；利用BiLSTM来学习工业数据的时间序列特性；使用贝叶斯参数优化方法调节BiLSTM的关键参数，自适应地学习所提取特征的内部规律。

② 提出了一种由模态分解、多通道输入、MCNN 和 BiLSTM 组成的组合预测方法。金属切削是一个复杂的过程，具有很强的随机性和非线性特征。单一的人工特征提取方法无法捕捉到信号的微弱特征，为解决这一问题，该方法综合考虑了数字信号特征处理和预测网络模型构建。对采集到的传感器信号进行相关性分析，减少输入信号量；采用 CEEMDAN 增强信号的局部特征，提高神经网络的识别精度；将解构后的信号转换为多通道输入矩阵，分别利用多尺度 CNN 和 BiLSTM 提取多尺度空间特征和双向时间特征。

③ 为弥补传统的 CNN 和 RNN 在 RUL 预测上的局限性，增强网络的特征提取能力，进一步提高预测精度，提出了一种将带有 SA 机制的时间卷积网络（Temporal Convolutional Network，TCN）和 Bi-GRU 网络相结合的滚动轴承 RUL 预测模型。将 TCN 作为模型的基础网络，在 TCN 中融入 SA 机制，降低噪声的干扰，确保网络能够提取到关键特征。最后通过 Bi-GRU 网络捕捉双向上下文信息，弥补 TCN 不能捕捉双向信息的缺陷，实现最终的 RUL 预测。基于 PHM 2012 数据集进行测试，实验结果表明提出的方法在 MAE、RMSE 及 Score 上的值在大多数情况下都优于 CNN、RNN、TCN、CNN-Bi-GRU、TCN-Bi-GRU 和 CNN-SABG。

④ 针对目前的方法通常只从单个尺度提取特征，而忽略其他尺度的信息，且存在特征提取不充分的问题。本书提出了一种基于 MA 和 MsTCN 的轴承 RUL 预测方法。该方法将 MA 机制放置在 MsTCN 的头部，MA 机制能够动态分配权重，捕捉数据中不同位置的重要信息，优化输入特征的表示，确保 MsTCN 处理的是经过加权和筛选的关键特征信息，从而提升对多尺度特征的提取效果。而 MsTCN 则通过处理不同时间尺度上的数据，增强对轴承信号的分析能力，能更好地提取轴承的运行状态特征，提升轴承 RUL 预测的精度和模型的稳定性。在 PHM 2012 数据集上进行实验，实验结果显示，提出的方法在 MAE、RMSE 及 Score 上的值至少有 10 个优于其他对比模型。

⑤ 鉴于轴承物理退化过程的复杂性，轴承寿命预测的准确性有待提高。且现有的注意力机制融合方法仅针对单尺度注意力特征，而忽略了其他尺度的信息。针对这一问题，一种数据驱动的端到端 RUL 预测框架被提出，该框架采用多尺度卷积注意力机制和多头注意力机制增强的时间卷积网络，实现滚动轴承的 RUL 预测。多尺度卷积注意力机制将不同尺度的卷积特征与注意力机制相结合，突出那些特别重要的特征。在 TCN 中集成 MA 机制以

提取关键特征，可以在不同频率范围内全面捕获时间序列特征，减少噪声干扰。

6.2 展望

本书利用传感器采集的信号数据，结合深度学习网络，对刀具和轴承进行故障诊断。尽管该方法在一定程度上提升了预测效果，但由于研究条件的限制，仍存在一些不足之处。未来的研究可以从以下几个方向进一步探索和改进。

① 就数据层面而言，进一步探索数据融合预测的方法是一个重要的方向。本次研究中只涉及力信号（F）、振动信号（V）以及声发射信号（AE）。然而，未来研究可考虑纳入温度、视觉图像等数据。

② 从深度模型出发，模型优化是提高预测精度的关键。未来可以考虑针对深度模型引入更复杂的参数估计方式，避免人工调优的不全面导致陷入局部最优解，结合特征捕捉能力更强的神经网络从多维度捕获时序数据中的关键信息，从大数据中挖掘规律。

③ 尽管所提出的混合预测模型在滚动轴承 RUL 预测中取得了良好的效果，但在模型的可解释性和对预测结果置信度的量化方面仍存在一些局限。未来的研究还需要进一步探索如何使模型能够更好地拟合监测到的退化数据，从而实现准确有效的 RUL 预测。

④ 在实际应用场景中，设备数据往往反映多种运行条件下的复杂变化。这种多样性使 RUL 预测模型需要能够有效地适应不同环境下的数据特征。迁移学习的引入或将成为解决这一挑战的关键研究方向之一。通过迁移学习，可以利用从一个或多个相关但不同的数据源中学到的知识，来改善目标设备或环境中的预测性能。这种方法不仅有助于提升模型的泛化能力，还能减少对大量标注数据的依赖，从而更有效地应对实际应用中的复杂性和变化性。

参考文献

[1] 张金豹，邹天刚，王敏，等．滚动轴承剩余使用寿命预测综述［J］．机械科学与技术，2023，42（01）：1-23.

[2] WANG Y，LI Y，ZHANG Y，et al. Incorporating prior knowledge into self-supervised representation learning for long PHM signal［J］. Reliability Engineering & System Safety，2024，241：109602.

[3] 沈保明，陈保家，赵春华，等．深度学习在机械设备故障预测与健康管理中的研究综述［J］．机床与液压，2021，49（19）：162-171.

[4] PILLAI S，VADAKKEPAT P. Two stage deep learning for prognostics using multi-loss encoder and convolutional composite features［J］. Expert Systems with Applications，2021，171：114569.

[5] SHAO Y，NEZU K. Prognosis of remaining bearing life using neural networks［J］. Proceedings of the Institution of Mechanical Engineers，Part Ⅰ：Journal of Systems and Control Engineering，2000，214（3）：217-230.

[6] POWELL M J D. Radial basis functions for multivariable interpolation：A review［M］. Oxford：Clarendon Press，1987.

[7] 李磊．基于极限学习机的风机机械传动部件剩余寿命预测研究［D］．秦皇岛：燕山大学，2015.

[8] NIETO P J G，GARCÍA-GONZALO E，LASHERAS F S，et al. Hybrid PSO-SVM-based method for forecasting of the remaining useful life for aircraft engines and evaluation of its reliability［J］. Reliability Engineering & System Safety，2015，138：219-231.

[9] XU M，SCHUYLER C K，FUSSELL B K，et al. Experimental evaluation of a smart machining system for feedrate selection and tool condition monitoring［J］. Trans. NAMRI/SME，2006，34：151-158.

[10] WANG M，ZHOU J，GAO J，et al. Milling tool wear prediction method based on deep learning under variable working conditions［J］. IEEE Access，2020，8：140726-140735.

[11] CHEN Y，JIRI G. Predicting tool wear with multi-sensor data using deep belief networks［J］. The International Journal of Advanced Manufacturing Technology，2018，99：1917-1926.

[12] QIAO H，WANG T，WANG P. A tool wear monitoring and prediction system based on multiscale deep learning models and fog computing［J］. The International Journal of Advanced Manufacturing Technology，2020，108：2367-2384.

[13] HE A，JIN X. Deep variational autoencoder classifier for intelligent fault diagnosis adaptive to unseen fault categories［J］. IEEE Transactions on Reliability，2021，70（4）：1581-1595.

[14] SUN C，MA M，ZHAO Z，et al. Deep transfer learning based on sparse autoencoder for remaining useful life prediction of tool in manufacturing［J］. IEEE Transactions on Industrial Informatics，2018，15（4）：2416-2425.

[15] 雷亚国，贾峰，周昕，等．基于深度学习理论的机械装备大数据健康监测方法［J］．机械工

程学报，2015，51（21）：8.

［16］郑彪，高丙朋，程静．基于 DNN-CapsNet 的液压泵故障程度诊断方法［J］．液压与气动，2023，47（08）：41-49.

［17］张媛洁．基于 CEEMD-DNN 的电力牵引整流器故障诊断方法研究［D］．成都：西南交通大学，2021.

［18］ZOU Z，CAO R，CHEN W，et al. Development of a tool wear online monitoring system for dry gear hobbing machine based on new experimental approach and DAE-BPNN-integrated mathematic structure［J］．The International Journal of Advanced Manufacturing Technology，2021，116（1-2）：685-698.

［19］RUIZ-SHULCLOPER J，DI BAJA G S. Progress in pattern recognition image analysis computer vision and applications［C］//Proc. 18th Iberoamerican Congr.（CIARP）．2013.

［20］单晨晨．基于深度置信网络的发动机状态监控研究［D］．天津：中国民航大学，2023.

［21］DEUTSCH J，HE D. Using deep learning based approaches for bearing remaining useful life prediction［C］//Annual Conference of the PHM Society. 2016.

［22］LAWRENCE S，GILES C L，TSOI A C，et al. Face recognition：A convolutional neural-network approach［J］．IEEE transactions on neural networks，1997，8（1）：98-113.

［23］LAPTEV D，SAVINOV N，BUHMANN J M，et al. Ti-pooling：Transformation-invariant pooling for feature learning in convolutional neural networks［C］//Proceedings of the IEEE conference on computer vision and pattern recognition. 2016：289-297.

［24］曹大理，孙惠斌，张纪铎，等．基于卷积神经网络的刀具磨损在线监测［J］．计算机集成制造系统，2020，26（01）：74-80.

［25］董靖川，谭志兰，王太勇，等．结合域对抗自适应的刀具磨损监测方法［J］．机械科学与技术，2023，42（02）：165-172.

［26］何彦，凌俊杰，王禹林，等．基于长短时记忆卷积神经网络的刀具磨损在线监测模型［J］．中国机械工程，2020，31（16）：1959-1967.

［27］CHOW T W S，FANG Y. A recurrent neural-network-based real-time learning control strategy applying to nonlinear systems with unknown dynamics［J］．IEEE Transactions on Industrial Electronics，1998，45（1）：151-161.

［28］KAIYE W，SHAOHUA C，FANGMIN X，et al. Independently recurrent neural network for remaining useful life estimation［J］．The Journal of China Universities of Posts and Telecommunications，2020，27（4）：26.

［29］LIU J，SAXENA A，GOEBEL K，et al. An adaptive recurrent neural network for remaining useful life prediction of lithium-ion batteries［C］//Annual Conference of the PHM Society. 2010.

［30］WU Y，YUAN M，DONG S，et al. Remaining useful life estimation of engineered systems using vanilla LSTM neural networks［J］．Neurocomputing，2018，275：167-179.

［31］WANG J，WEN G，YANG S，et al. Remaining useful life estimation in prognostics using deep bidirectional LSTM neural network［C］//2018 Prognostics and System Health Management

Conference (PHM-Chongqing) . IEEE, 2018: 1037-1042.

[32] GUO L, LI N, JIA F, et al. A recurrent neural network based health indicator for remaining useful life prediction of bearings [J] . Neurocomputing, 2017, 240: 98-109.

[33] ZHANG J, WANG P, Yan R, et al. Long short-term memory for machine remaining life prediction [J] . Journal of Manufacturing Systems, 2018, 48: 78-86.

[34] LI N, CHEN Y, KONG D, et al. Force-based tool condition monitoring for turning process using v-support vector regression [J] . The International Journal of Advanced Manufacturing Technology, 2017, 91: 351-361.

[35] REN L, CHENG X, WANG X, et al. Multi-scale dense gate recurrent unit networks for bearing remaining useful life prediction [J] . Future Generation Computer Systems, 2019, 94: 601-609.

[36] 李贵红，杜昕，赵丽丽，等. 基于EEMD-SVM的铣刀磨损状态监测系统设计 [J] . 自动化与仪器仪表，2019 (06): 30-32.

[37] WANG J, LI Y, ZHAO R, et al. Physics guided neural network for machining tool wear prediction [J] . Journal of Manufacturing Systems, 2020, 57: 298-310.

[38] HUANG Z, ZHU J, LEI J, et al. Tool wear predicting based on multi-domain feature fusion by deep convolutional neural network in milling operations [J] . Journal of Intelligent Manufacturing, 2020, 31: 953-966.

[39] XU X, WANG J, ZHONG B, et al. Deep learning-based tool wear prediction and its application for machining process using multi-scale feature fusion and channel attention mechanism [J] . Measurement, 2021, 177: 109254.

[40] LIANG Y, HU S, GUO W, et al. Abrasive tool wear prediction based on an improved hybrid difference grey wolf algorithm for optimizing SVM [J] . Measurement, 2022, 187: 110247.

[41] HE Z, SHI T, XUAN J, et al. Research on tool wear prediction based on temperature signals and deep learning [J] . Wear, 2021, 478: 203902.

[42] HE Z, SHI T, XUAN J. Milling tool wear prediction using multi-sensor feature fusion based on stacked sparse autoencoders [J] . Measurement, 2022, 190: 110719.

[43] DUAN J, HU C, ZHAN X, et al. MS-SSPCANet: A powerful deep learning framework for tool wear prediction [J] . Robotics and Computer-Integrated Manufacturing, 2022, 78: 102391.

[44] LI Y, WANG J, HUANG Z, et al. Physics-informed meta learning for machining tool wear prediction [J] . Journal of Manufacturing Systems, 2022, 62: 17-27.

[45] HE Z, LIU Y, PANG X, et al. Wear prediction of tool based on modal decomposition and MCNN-BiLSTM [J] . Processes, 2023, 11 (10): 2988.

[46] SANGWAN V, KUMAR R, RATHORE A K. An empirical capacity degradation modeling and prognostics of remaining useful life of Li-ion battery using unscented Kalman filter [C] // 2018 8th IEEE India International Conference on Power Electronics (IICPE) . IEEE, 2018: 1-6.

[47] SUN B, LI Y, WANG Z, et al. Remaining useful life prediction of aviation circular electrical connectors using vibration-induced physical model and particle filtering method [J]. Microelectronics Reliability, 2019, 92: 114-122.

[48] WEN J, GAO H, ZHANG J. Bearing remaining useful life prediction based on a nonlinear wiener process model [J]. Shock and Vibration, 2018 (1): 4068431.

[49] AHMAD W, KHAN S A, ISLAM M M M, et al. A reliable technique for remaining useful life estimation of rolling element bearings using dynamic regression models [J]. Reliability Engineering & System Safety, 2019, 184: 67-76.

[50] WANG T, LIU Z, MRAD N. A probabilistic framework for remaining useful life prediction of bearings [J]. IEEE Transactions on Instrumentation and Measurement, 2020, 70: 1-12.

[51] LI Y, HUANG X, DING P, et al. Wiener-based remaining useful life prediction of rolling bearings using improved Kalman filtering and adaptive modification [J]. Measurement, 2021, 182: 109706.

[52] YAN M, XIE L, MUHAMMAD I, et al. An effective method for remaining useful life estimation of bearings with elbow point detection and adaptive regression models [J]. ISA Transactions, 2022, 128: 290-300.

[53] WANG Y, FANG X, ZHANG C, et al. Lifetime prediction of self-lubricating spherical plain bearings based on physics-of-failure model and accelerated degradation test [J]. Eksploatacja i Niezawodność, 2016, 18 (4): 528-538.

[54] LEI Y, LI N, GONTARZ S, et al. A model-based method for remaining useful life prediction of machinery [J]. IEEE Transactions on Reliability, 2016, 65 (3): 1314-1326.

[55] YAN M, WANG X, WANG B, et al. Bearing remaining useful life prediction using support vector machine and hybrid degradation tracking model [J]. ISA Transactions, 2020, 98: 471-482.

[56] CHENG G, WANG X, He Y. Remaining useful life and state of health prediction for lithium batteries based on empirical mode decomposition and a long and short memory neural network [J]. Energy, 2021, 232: 121022.

[57] MENG Z, LI J, YIN N, et al. Remaining useful life prediction of rolling bearing using fractal theory [J]. Measurement, 2020, 156: 107572.

[58] QIU G, GU Y, CHEN J. Selective health indicator for bearings ensemble remaining useful life prediction with genetic algorithm and Weibull proportional hazards model [J]. Measurement, 2020, 150: 107097.

[59] LI Q, YAN C, CHEN G, et al. Remaining useful life prediction of rolling bearings based on risk assessment and degradation state coefficient [J]. ISA Transactions, 2022, 129: 413-428.

[60] WEN Y, RAHMAN M F, XU H, et al. Recent advances and trends of predictive maintenance from data-driven machine prognostics perspective [J]. Measurement, 2022, 187: 110276.

[61] ZHANG S, ZHANG S, WANG B, et al. Deep learning algorithms for bearing fault diagnos-

tics—A comprehensive review [J] . IEEE Access, 2020, 8: 29857-29881.

[62] WANG Y, ZHAO Y, ADDEPALLI S. Remaining useful life prediction using deep learning approaches: A review [J] . Procedia Manufacturing, 2020, 49: 81-88.

[63] DU X, JIA W, YU P, et al. RUL prediction based on GAM-CNN for rotating machinery [J] . Journal of the Brazilian Society of Mechanical Sciences and Engineering, 2023, 45 (3): 142.

[64] XIA M, LI T, SHU T, et al. A two-stage approach for the remaining useful life prediction of bearings using deep neural networks [J] . IEEE Transactions on Industrial Informatics, 2018, 15 (6): 3703-3711.

[65] ZHOU J, QIN Y, LUO J, et al. Remaining useful life prediction by distribution contact ratio health indicator and consolidated memory GRU [J] . IEEE Transactions on Industrial Informatics, 2022, 19 (7): 8472-8483.

[66] PARK K, CHOI Y, CHOI W J, et al. LSTM-based battery remaining useful life prediction with multi-channel charging profiles [J] . IEEE Access, 2020, 8: 20786-20798.

[67] REN L, SUN Y, CUI J, et al. Bearing remaining useful life prediction based on deep autoencoder and deep neural networks [J] . Journal of Manufacturing Systems, 2018, 48: 71-77.

[68] REN L, DONG J, WANG X, et al. A data-driven auto-CNN-LSTM prediction model for lithium-ion battery remaining useful life [J] . IEEE Transactions on Industrial Informatics, 2020, 17 (5): 3478-3487.

[69] LI J, LI X, HE D. A directed acyclic graph network combined with CNN and LSTM for remaining useful life prediction [J] . IEEE Access, 2019, 7: 75464-75475.

[70] MA M, MAO Z. Deep-convolution-based LSTM network for remaining useful life prediction [J] . IEEE Transactions on Industrial Informatics, 2020, 17 (3): 1658-1667.

[71] YAO D, LI B, LIU H, et al. Remaining useful life prediction of roller bearings based on improved 1D-CNN and simple recurrent unit [J] . Measurement, 2021, 175: 109166.

[72] LIU H, CHEN W, CHEN W, et al. A CNN-LSTM-based domain adaptation model for remaining useful life prediction [J] . Measurement Science and Technology, 2022, 33 (11): 115118.

[73] LIU Z, TAN C, LIU Y, et al. A study of a domain-adaptive LSTM-DNN-based method for remaining useful life prediction of planetary gearbox [J] . Processes, 2023, 11 (7): 2002.

[74] ZRAIBI B, OKAR C, CHAOUI H, et al. Remaining useful life assessment for lithium-ion batteries using CNN-LSTM-DNN hybrid method [J] . IEEE Transactions on Vehicular Technology, 2021, 70 (5): 4252-4261.

[75] CHENG C, MA G, ZHANG Y, et al. A deep learning-based remaining useful life prediction approach for bearings [J] . IEEE/ASME Transactions on Mechatronics, 2020, 25 (3): 1243-1254.

[76] CHEN J, JING H, CHANG Y, et al. Gated recurrent unit based recurrent neural network for remaining useful life prediction of nonlinear deterioration process [J] . Reliability Engineering & System Safety, 2019, 185: 372-382.

[77] LI H, ZHAO W, ZHANG Y, et al. Remaining useful life prediction using multi-scale deep convolutional neural network [J]. Applied Soft Computing, 2020, 89: 106113.

[78] WANG B, LEI Y, YAN T, et al. Recurrent convolutional neural network: A new framework for remaining useful life prediction of machinery [J]. Neurocomputing, 2020, 379: 117-129.

[79] ZHOU J, QIN Y, CHEN D, et al. Remaining useful life prediction of bearings by a new reinforced memory GRU network [J]. Advanced Engineering Informatics, 2022, 53: 101682.

[80] SHE D, JIA M. A BiGRU method for remaining useful life prediction of machinery [J]. Measurement, 2021, 167: 108277.

[81] CHANG Z H, YUAN W, HUANG K. Remaining useful life prediction for rolling bearings using multi-layer grid search and LSTM [J]. Computers and Electrical Engineering, 2022, 101: 108083.

[82] PENG C, WU J, WANG Q, et al. Remaining useful life prediction using dual-channel LSTM with time feature and its difference [J]. Entropy, 2022, 24 (12): 1818.

[83] 刘业峰，王帅，刘晶晶，等．基于 TCN-SA 和 Bi-GRU 的轴承剩余寿命预测 [J/OL]．计算机集成制造系统，1-11 [2025-03-10]．

[84] 王帅，刘业峰，刘晶晶，等．一种改进多尺度时间卷积网络的轴承寿命预测算法研究 [J/OL]．控制工程，1-7 [2025-03-10]．

[85] NAHAS M, HUSSEIN M, KESHK A. Imbalanced data oversampling technique based on convex combination method [J]. Int. J. Comput. Inf., 2022, 9 (1): 15-28.

[86] MANI I. KNN Approach to Unbalanced Data Distributions: A Case Study Involving Information Extraction [C] //Icml Workshop on Learning from Imbalanced Datasets. 2003.

[87] HART P E. The condensed nearest neighbor rule [J]. IEEE Transactions on Information Theory, 1968, 14 (3): 515-516.

[88] WILSON D L. Asymptotic properties of nearest neighbor rules using edited data [J]. IEEE Transactions on Systems, Man, and Cybernetics, 1972, 2 (3): 408-421.

[89] KUBAT M, MATWIN S. Addressing the curse of imbalanced training sets: One-sided selection [A]. Proceedings of the Fourteenth International Conference on Machine Learning [C] //Nashville, Tennessee, USA: Morgan Kaufmann, 1997: 179-186.

[90] HE H, GARCIA E A. Learning from imblalanced data [J]. IEEE Transactions on Knowledge and Data Engineering, 2009, 21 (9): 1263-1284.

[91] CHAWLA N V, BOWYER K W, HALL L O, et al. SMOTE: Synthetic minority over-sampling technique [J]. Journal of Artificial Intelligence Research, 2002, 16 (1): 321-357.

[92] HAN H, WANG W Y, MAO B H. Borderline-smote: A new oversampling method in imbalanced data sets learning [C] //Proc. Int. Conf. Intell. Comput., 2005: 878-887.

[93] HE H, BAI Y, GARCIA E A, et al. ADASYN: Adaptive synthetic sampling approach for imbalanced learning [C] //Proc. IEEE Int. JointConf. Neural Netw. (IEEE World Congr. Comput. Intell.), 2008: 1322-1328.

[94] DOUZAS G, BACAO F, LAST F. Improving imbalanced learning through a heuristic over-

sampling method based on k-means and SMOTE [J] . Information Sciences, 2018, 465: 1-20.

[95] BAO Y, YANG S. Two Novel SMOTE Methods for Solving Imbalanced Classification Problems [J] . IEEE Access, 2023, 11: 5816-5823.

[96] PURI A, KUMAR GUPTA M. Improved Hybrid Bag-Boost Ensemble With K-Means-SMOTE-ENN Technique for Handling Noisy Class Imbalanced Data [J] . The Computer Journal, 2022, 65 (1): 124-138.

[97] PRADIPTA G A, WARDOYO R, Musdholifah A, et al. Radius-SMOTE: A New Oversampling Technique of Minority Samples Based on Radius Distance for Learning From Imbalanced Data [J] . IEEE Access, 2021, 9: 74763-74777.

[98] YAN S, ZHAO Z, LIU S, et al. BO-SMOTE: A Novel Bayesian-Optimization-Based Synthetic Minority Oversampling Technique [J] . IEEE Transactions on Systems, Man, and Cybernetics: Systems, 2024, 54 (4): 2079-2091.

[99] COST S, SALZBERG S. A weighted nearest neighbor algorithm for learning with symbolic features [J] . Machine Learning, 1993, 10 (1): 57-78.

[100] LI X, ZOU B, WANG L, et al. A novel LASSO based feature weighting selection method for microarray data classification [C] //Proceedings of 2015 IET International Conference on Biomedical Image and Signal Processing. Beijing, 2015: 1-5.

[101] ZHANG C, GUO J, LU J. Research on classification method of high-dimensional class-imbalanced data sets based on SVM [C] //Proceedings of the 2nd IEEE International Conference on Data Science in Cyberspace. Shenzhen, 2017: 60-67.

[102] GUYON I, WESTON J, BARNHILL S, et al. Gene selection for cancer classification using support vector machines [J] . Machine Learning, 2002, 46 (1/2/3): 389-422.

[103] GUO L, WANG S. Membrane protein type prediction for high-dimensional imbalanced datasets [C] //Proceedings of 2018 International Conference on Information Technology in Medicine and Education. Hangzhou, 2018: 847-851.

[104] GAZZAH S, AMARA N E B. New oversampling approaches based on polynomial fitting for imbalanced data sets [C] //Proc. 8th IAPR Int. Workshop Document Anal. Syst. , 2008: 677-684.

[105] DABLAIN D, KRAWCZYK B, CHAWLA N V. DeepSMOTE: Fusing deep learning and smote for imbalanced data [J] . IEEE Trans. Neural Netw. Learn. Syst. , 2023, 34 (9): 6390-6404.

[106] DOUZAS G, BACAO F. Geometric SMOTE a geometrically enhanced drop-in replacement for SMOTE [J] . Information Sciences, 2019, 501: 118-135.

[107] DE CARVALHO A M, PRATI R C. DTO-SMOTE: Delaunay tessellation oversampling for imbalanced data sets [J] . Information, 2020, 11 (12): 557.

[108] CHEN Y, PEDRYCZ W, WANG J, et al. A new oversampling method based on triangulation of sample space [J] . IEEE Transactions on Systems, Man, and Cybernetics: Systems,

2024，54（2）：774-786.

[109] 张文哲，张为民，林文波．基于经验模态分解、多尺度熵算法和支持向量机的滚动轴承故障诊断方法［J］．机械制造，2018，56（04）：78-83.

[110] QIN Y，ZHOU J，CHEN D. Unsupervised health indicator construction by a novel degradation-trend-constrained variational autoencoder and its applications［J］. IEEE/ASME Transactions on Mechatronics，2021，27（3）：1447-1456.

[111] GEBRAEEL N，LEI Y，LI N，et al. Prognostics and remaining useful life prediction of machinery：advances，opportunities and challenges［J］. Journal of Dynamics，Monitoring and Diagnostics，2023：1-12.

[112] HE K，ZHANG X，REN S，et al. Deep residual learning for image recognition［C］//Proceedings of the IEEE Conference on Computer Vision and Pattern Recognition，2016：770-778.

[113] ZHANG J，LIANG Q，GUO Q，et al. R2Net：Residual refinement network for salient object detection［J］. Image and Vision Computing，2022，120：104423.

[114] DONG Y，JIANG Z，TAO F，et al. Multiple spatial residual network for object detection［J］. Complex & Intelligent Systems，2023，9（2）：1347-1362.

[115] YU J，ZHANG X，XU L，et al. A hybrid CNN-GRU model for predicting soil moisture in maize root zone［J］. Agricultural Water Management，2021，245：106649.

[116] 毕贵红，赵鑫，陈臣鹏，等．基于多通道输入和PCNN-BiLSTM的光伏发电功率超短期预测［J］．电网技术，2022，46（09）：3463-3476.

[117] LIU M，YAO X，ZHANG J，et al. Multi-sensor data fusion for remaining useful life prediction of machining tools by IABC-BPNN in dry milling operations［J］. Sensors，2020，20（17）：4657.

[118] LIAO X，ZHOU G，ZHANG Z，et al. Tool wear state recognition based on GWO-SVM with feature selection of genetic algorithm［J］. The International Journal of Advanced Manufacturing Technology，2019，104：1051-1063.

[119] CHENG M，JIAO L，YAN P，et al. Intelligent tool wear monitoring and multi-step prediction based on deep learning model［J］. Journal of Manufacturing Systems，2022，62：286-300.

[120] HASE A，MISHINA H，WADA M. Correlation between features of acoustic emission signals and mechanical wear mechanisms［J］. Wear，2012，292：144-150.

[121] SHEN B，GUI Y，CHEN B，et al. Application of spindle power signals in tool condition monitoring based on HHT algorithm［J］. The International Journal of Advanced Manufacturing Technology，2020，106：1385-1395.

[122] WU Z，HUANG N E. Ensemble empirical mode decomposition：A noise-assisted data analysis method［J］. Advances in Adaptive Data Analysis，2009，1（01）：1-41.

[123] LI K，HUANG W，HU G，et al. Ultra-short term power load forecasting based on CEEMDAN-SE and LSTM neural network［J］. Energy and Buildings，2023，279：112666.

[124] 王洪涛，刘辉军．基于随机子空间的船舶电网谐波检测［J］．延边大学学报（自然科学版)，2013，39（4)：294-297.

[125] 屈梁生．机械故障的全息诊断原理［M］．北京：科学出版社，2007.

[126] 李宗辉．基于GVMD与谱分析的滚动轴承故障诊断［J］．机电信息，2018（30)：142-143，145.

[127] 李勇，邵诚．灰色软测量在介质填充率检测中的应用研究［J］．中国矿业大学学报，2006（04)：549-554.

[128] BAI S，KOLTER J Z，KOLTUN V. An empirical evaluation of generic convolutional and recurrent networks for sequence modeling［J］. arXiv preprint arXiv：1803. 01271，2018.

[129] IOFFE S. Batch normalization：Accelerating deep network training by reducing internal covariate shift［J］. arXiv preprint arXiv：1502. 03167，2015.

[130] HE K，ZHANG X，REN S，et al. Identity mappings in deep residual networks［C］//Computer Vision-ECCV 2016：14th European Conference，Amsterdam，The Netherlands，2016：630-645.

[131] MAAS A L，HANNUN A Y，NG A Y. Rectifier nonlinearities improve neural network acoustic models［C］//Proc. ICML. Atlanta，2013.

[132] NECTOUX P，GOURIVEAU R，MEDJAHER K，et al. An experimental platform for bearings accelerated degradation tests［C］//Proceedings of the IEEE International Conference on Prognostics and Health Management. IEEE，2012：23-25.

[133] SINGLETON R K，STRANGAS E G，AVIYENTE S. Extended Kalman filtering for remaining-useful-life estimation of bearings［J］. IEEE Transactions on Industrial Electronics，2014，62（3)：1781-1790.

[134] LIU J，LIU Y，WANG S. A Triangular Six-Line Oversampling Method for Unbalanced Datasets［C］//6th International Conference on Industrial Artificial Intelligence（IAI）. Shenyang，2024：1-6，

[135] LIU J，LIU Y，MA Y，et al. An Improved Triangulation Oversampling Method for Processing Unbalanced Data［J］. IEEE Access，2025，13：33655-33664.

[136] LI X，ZHANG W，MA H，et al. Data alignments in machinery remaining useful life prediction using deep adversarial neural networks［J］. Knowledge-Based Systems，2020，197：105843.

[137] WANG Y，DENG L，ZHENG L，et al. Temporal convolutional network with soft thresholding and attention mechanism for machinery prognostics［J］. Journal of Manufacturing Systems，2021，60：512-526.